玩皮大匠 切格尔

谢里丹风格皮雕技法

[美]切格尔 著　苏艳 译

中原农民出版社
· 郑州 ·

图书在版编目（CIP）数据

玩皮大匠 : 切格尔 / （美）切格尔著 ; 苏艳译 . —郑州 :
中原农民出版社 , 2018.4
　　ISBN 978-7-5542-1862-4

　　Ⅰ . ①玩… Ⅱ . ①切… ②苏… Ⅲ . ①皮革制品—手
工艺品—制作 Ⅳ . ① TS56

　　中国版本图书馆 CIP 数据核字 (2018) 第 045082 号

策划编辑：孙　征
责任编辑：孙　征
责任校对：尹春霞
装帧设计：薛　莲

出版：中原出版传媒集团 中原农民出版社
地址：郑州市经五路 66 号
邮编：450002
电话：0371-65788679
印刷：河南瑞之光印刷股份有限公司
成品尺寸：285mm×210mm
印张：16.25
字数：150 千字
版次：2018 年 5 月第 1 版
印次：2018 年 5 月第 1 次印刷
定价：188.00 元

作者简介

切格尔（Chan J Geer）

　　美国谢里丹人（怀俄明州），进行皮雕艺术创作与教学数十年，擅长谢里丹风格作品的设计和雕刻。他多次获得皮雕大赛奖项，包括被称为皮雕界"奥斯卡"的世界皮雕大赛史东门奖。他的著作很多，包括《Learn Sheridan Style Tooling》《PATTERNS for Checkbook & Billfolds》《PATTERNS for Belts 3/4″ to 2″》《Western Spur Strap Patterns Volume 2》等，畅销全球。

　　本书籍为作者三本著作《Learn Sheridan Style Tooling》《PATTERNS for Checkbook & Billfolds》《PATTERNS for Belts 3/4″ to 2″》的合集版，但对其内容进行了重新编排和整理，希望能对广大的皮雕爱好者有所帮助。同时，本书也具有很高的艺术鉴赏和历史收藏价值。

序

我出生于美国蒙大拿州的布罗德斯，彼时我的父母在蒙大拿州的比德尔定居并劳作。

当我 1 岁时，我们搬到了蒙大拿州的迈尔市。当我 3 岁时又搬至怀俄明州的谢里丹镇，此时我的父母在谢里丹北部德克的 Youngs Creek 大牧场工作，我便在那里长大。

我自年少时参加美国 4-H 青少年发展计划起开始从事皮雕事业。我的第一批皮雕工具是用钉子和螺栓做出的，例如我的第一把旋转刻刀正是一个磨尖了的驴蹄钉。每当去城里的时候，我都会光顾劳埃德·大卫和奥托·F·厄恩斯特的马鞍商店，试图向店主学习各种知识。我的父母也会让我带上新鲜奶油、黄油和鸡蛋去换取一些皮料。大卫先生和厄恩斯特先生总是和颜悦色地用皮料与我所带之物进行交换。

1960 年年初，厄恩斯特先生给我一个为他制作一些工具的机会，此后我便一直用空余时间制作工具，直到 1960 年年末他的店铺关闭。此后，我也为当地的其他商店制作工具，同时利用闲暇时间做生意。在此期间，我开始创作属于我自己的皮雕图案。有时，我发现我想要一个工具，但它是我无法买到的，我就一头钻进车库，打开装有钉子的工具箱，开始自己动手制作。

我的腰带和皮夹作品遍布世界。我曾为日本天皇制作过一条腰带，他将其作为礼物赠送给了他的儿子。我最珍贵的订单来自好莱坞著名演员约翰·韦恩，当时我为他做了一条腰带和一个皮夹。

我希望你能从此书中获益，并希望我能帮助你享受制作谢里丹风格皮雕。

目录

Chapter *1*

学习谢里丹风格皮雕

Learn Sheridan Style Tooling

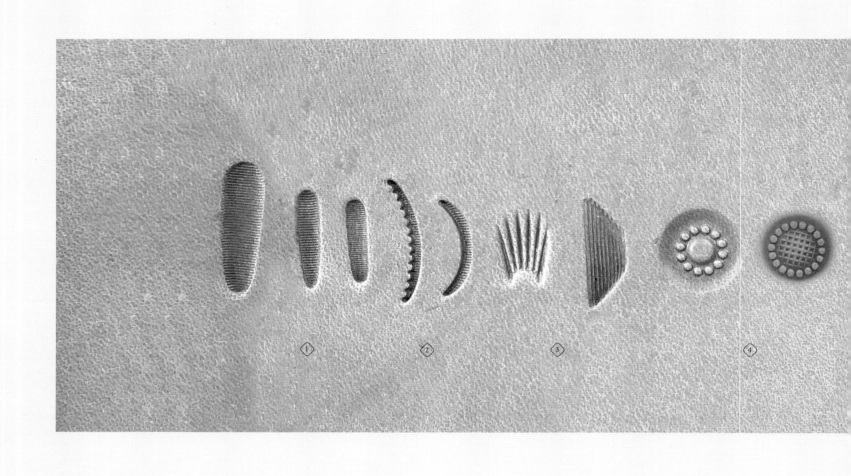

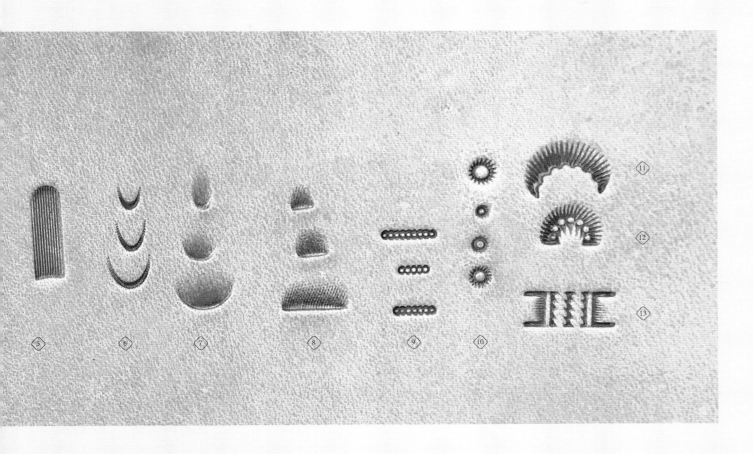

① P 代号工具（拇指纹）
② V 代号工具（锯齿）
③ 叶脉纹工具
④ 花心工具
⑤ 花心放射工具
⑥ U 代号工具（驴蹄纹）
⑦ 挑边工具
⑧ 网纹敲边工具
⑨ 排珠背景工具
⑩ 花蕊圆点工具
⑪ C 代号工具（放射纹）
⑫ 花边工具
⑬ 编织纹工具

1. 在透明胶片或纸上复刻下你的图案。随后将透明胶片或纸上的图案描绘至打湿了的皮面上。

2. 用旋转刻刀将图案刻出来。此时你需要一把锋利的刻刀。我个人喜欢刀刃相对较薄的 $\frac{1}{4}$ 或 $\frac{3}{8}$ 英寸 * 的刻刀。

3. 待皮面干后，在皮革正面、背面、侧面涂上防染剂并让它干透。这一步骤我使用的是 Neat-Lac 产品。

4. 将步骤 3 中硬化后的皮面作为花形模板，将其放置在另一片打湿的皮革上，然后用一个光面锤子敲打，复刻出图案。注意：图案会转化为原图的镜像图案。

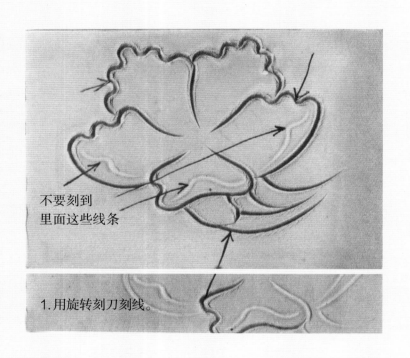

不要刻到
里面这些线条

1.用旋转刻刀刻线。

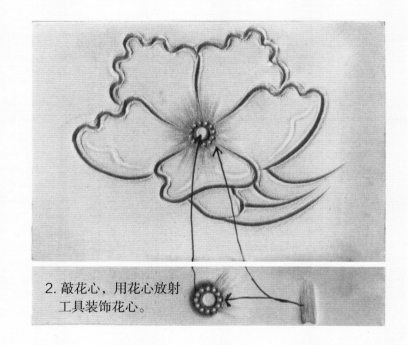

2.敲花心，用花心放射
工具装饰花心。

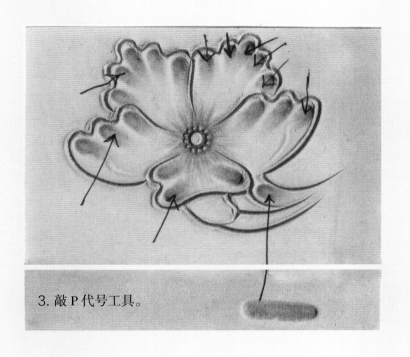

3. 敲 P 代号工具。

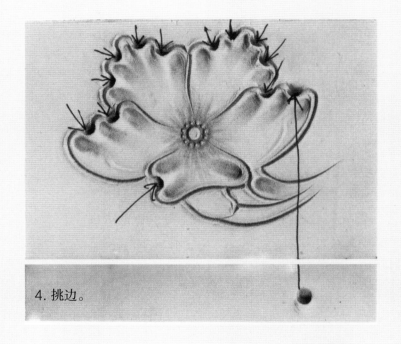

4. 挑边。

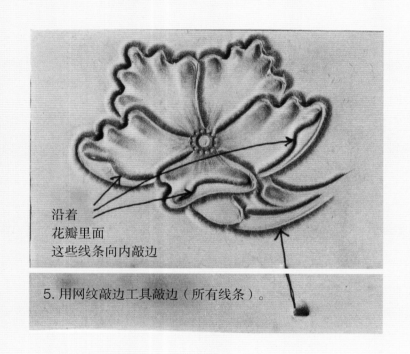

沿着
花瓣里面
这些线条向内敲边

5. 用网纹敲边工具敲边（所有线条）。

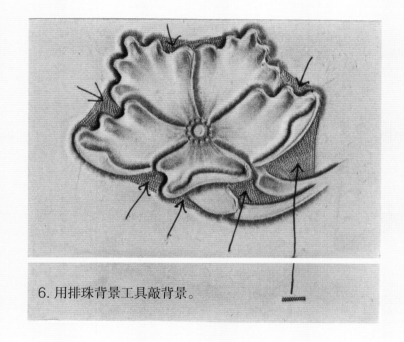

6. 用排珠背景工具敲背景。

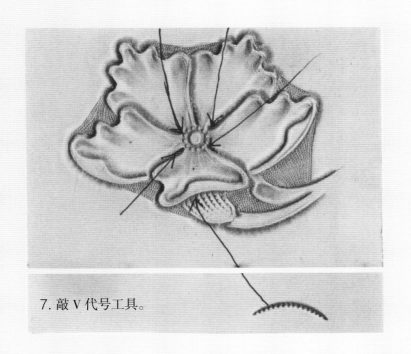

7. 敲 V 代号工具。

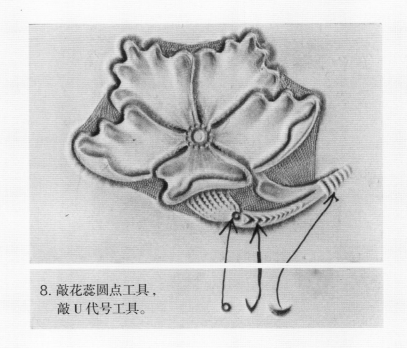

8. 敲花蕊圆点工具，
　　敲 U 代号工具。

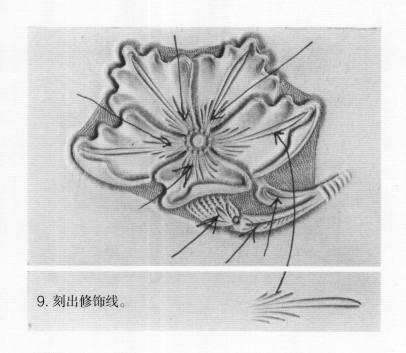

9. 刻出修饰线。

10. 使用你喜欢的皮革染色剂进行染色。这里我使用的是
Fiebing's 红褐色（MAHOGANY）染色剂。

11. 使用一层薄薄的防染剂将图案完全覆盖住，并待其彻底干透。这里我使用的防染剂是 Lac-Kote。

12. 使用复古染料将图案覆盖并适当摩擦。用干净的布擦去多余染料，并用另一块干净的布进行最后的抛光。这里我使用的是 Fiebing's 红褐色（MAHOGANY）复古油染。

1. 用旋转刻刀刻线。

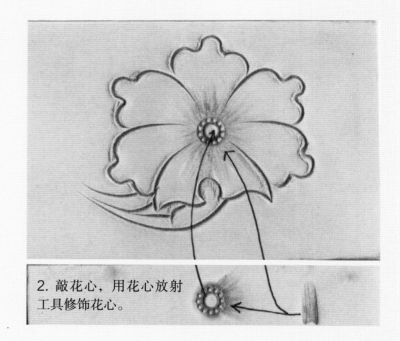

2. 敲花心，用花心放射
工具修饰花心。

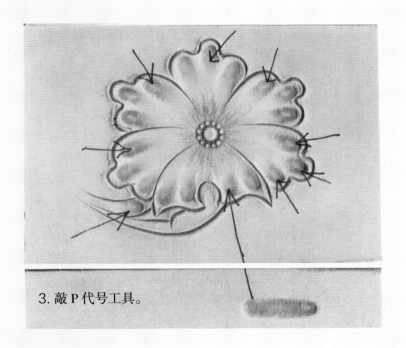

3.敲 P 代号工具。

4.用挑边工具挑边。

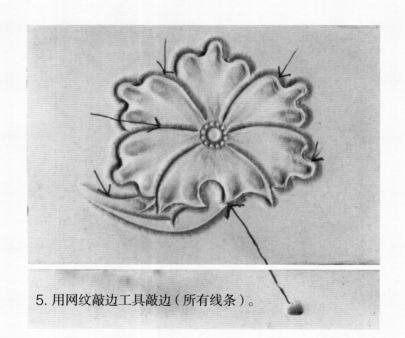

5. 用网纹敲边工具敲边（所有线条）。

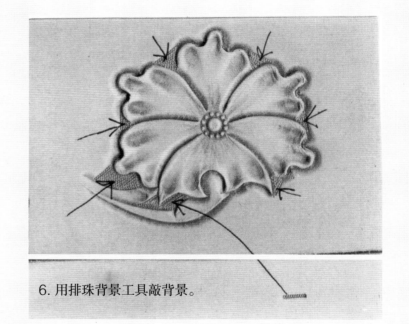

6. 用排珠背景工具敲背景。

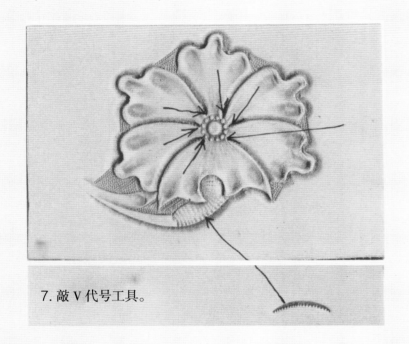

7. 敲 V 代号工具。

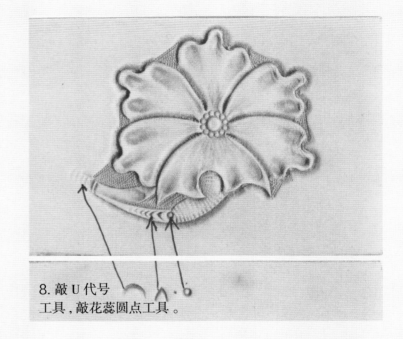

8. 敲 U 代号
工具，敲花蕊圆点工具。

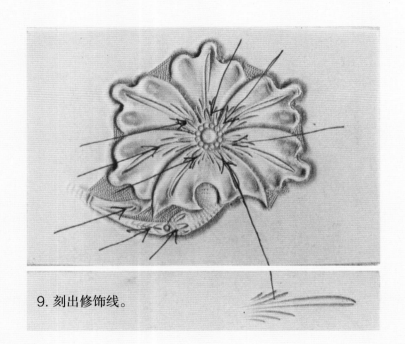

9. 刻出修饰线。

10. 使用你喜欢的皮革染色剂进行染色。这里我使用的是 Fiebing's 马臀色（CORDOVAN）染色剂。

11. 使用一层薄薄的防染剂将图案完全覆盖住，并待其彻底干透。这里我使用的防染剂是 Lac-Kote。

12. 使用复古染料将图案覆盖并适当摩擦。用干净的布擦去多余染料，并用另一块干净的布进行最后的抛光。这里我使用的是 Fiebing's 浅棕色（LIGHT BROWN）复古油染。

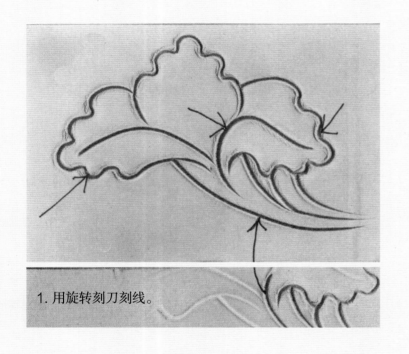

1. 用旋转刻刀刻线。

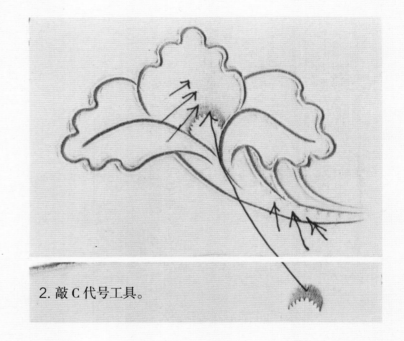

2. 敲 C 代号工具。

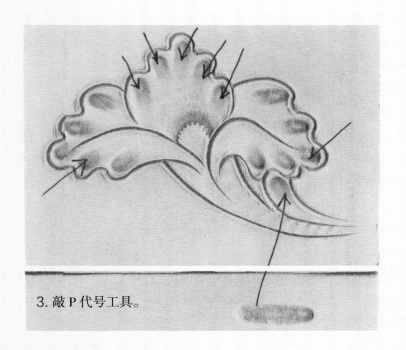

3. 敲 P 代号工具。

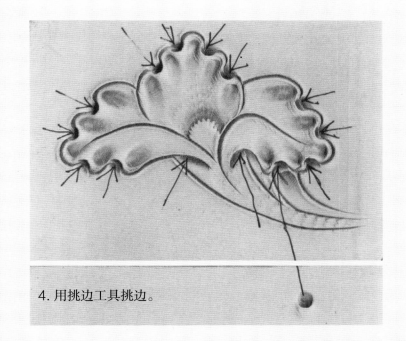

4. 用挑边工具挑边。

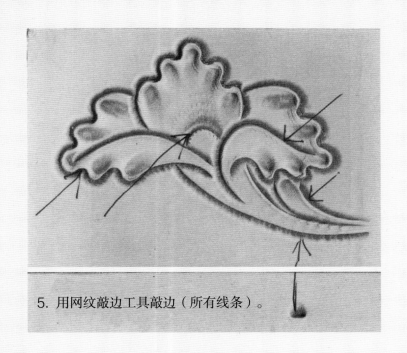

5. 用网纹敲边工具敲边（所有线条）。

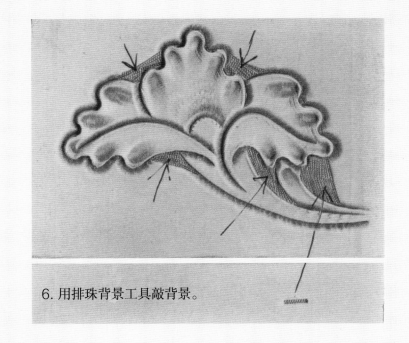

6. 用排珠背景工具敲背景。

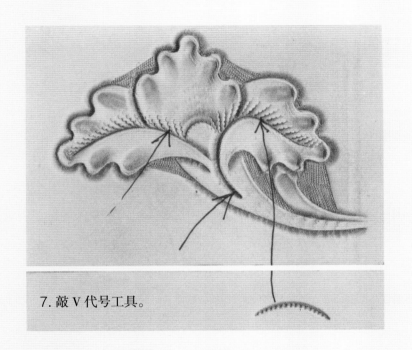

7. 敲 V 代号工具。

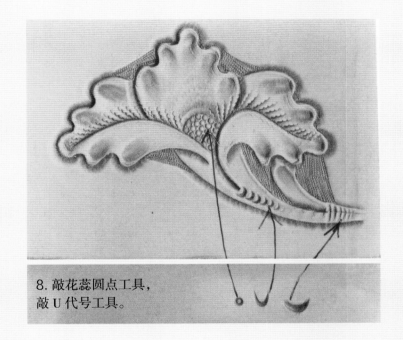

8. 敲花蕊圆点工具，
敲 U 代号工具。

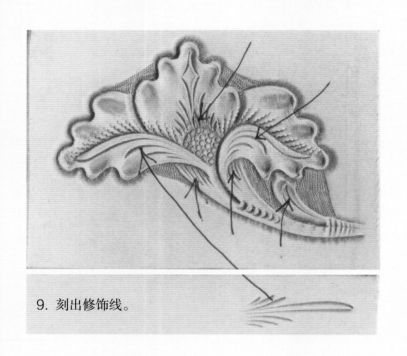

9. 刻出修饰线。

10. 使用你喜欢的皮革染色剂进行染色。这里我使用的是 Fiebing's 棕褐色（BRITISH TAN）染色剂。

11. 使用一层薄薄的防染剂将图案完全覆盖住，并待其彻底干透。这里我使用的防染剂是 Lac-Kote。

12. 使用复古染料将图案覆盖并适当摩擦。用干净的布擦去多余染料，并用另一块干净的布进行最后的抛光。这里我使用的是 Fiebing's 马臀色（CORDOVAN）复古油染。

1. 用旋转刻刀刻线。

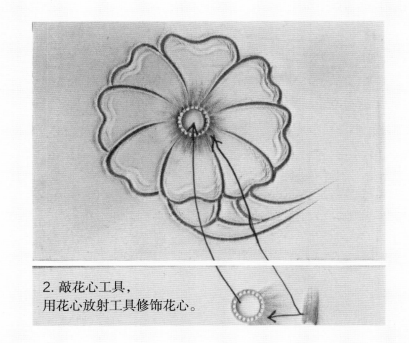

2. 敲花心工具，
用花心放射工具修饰花心。

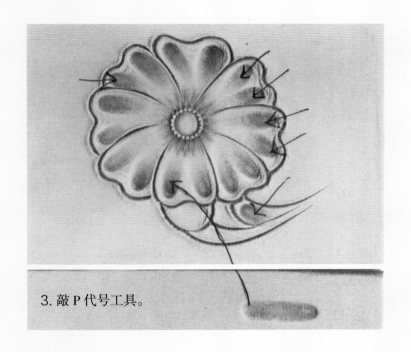

3. 敲 P 代号工具。

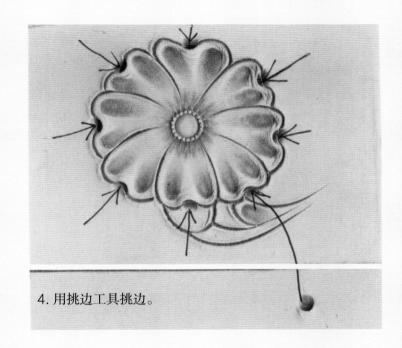

4. 用挑边工具挑边。

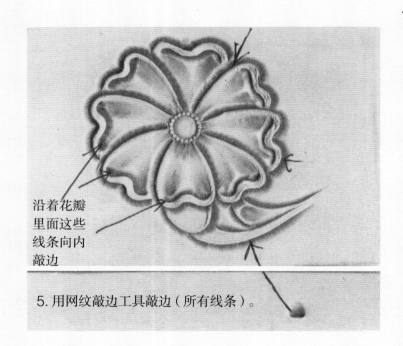

沿着花瓣
里面这些
线条向内
敲边

5.用网纹敲边工具敲边（所有线条）。

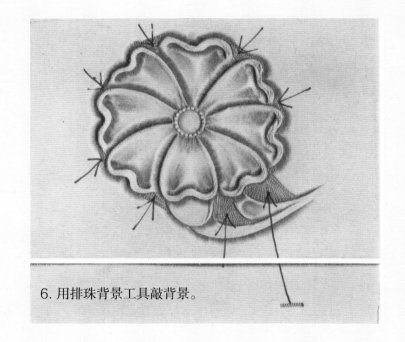

6.用排珠背景工具敲背景。

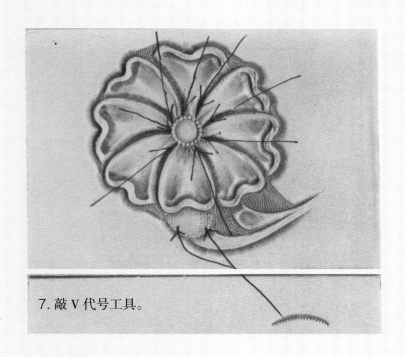

7. 敲 V 代号工具。

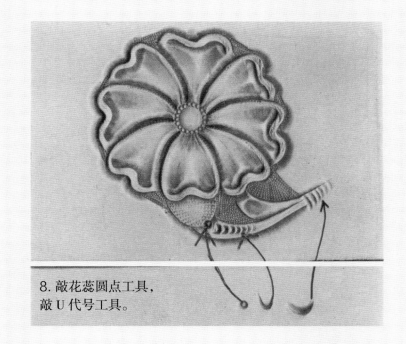

8. 敲花蕊圆点工具,
敲 U 代号工具。

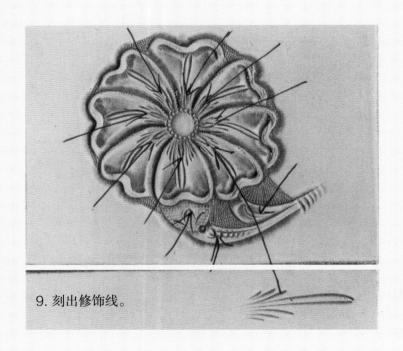

9. 刻出修饰线。

10. 使用一层薄薄的防染剂将图案完全覆盖住，并待其彻底干透。这里我使用的防染剂是 Lac-Kote。

11. 使用复古染料将图案覆盖并适当摩擦。用干净的布擦去多余染料,并用另一块干净的布进行最后的抛光。这里我使用的是 Fiebing's 浅棕色(LIGHT BROWN)复古油染。

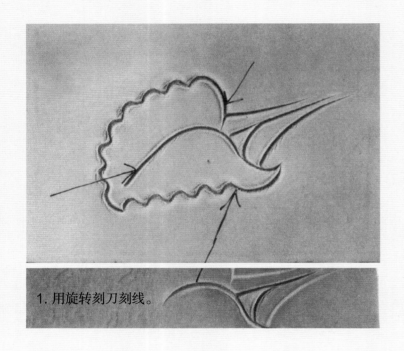

1. 用旋转刻刀刻线。

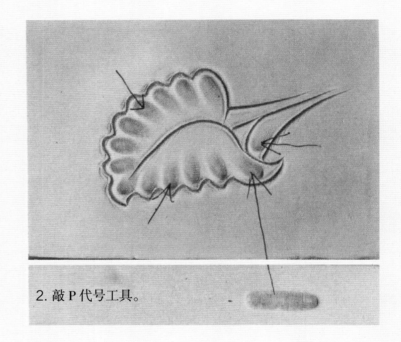

2. 敲 P 代号工具。

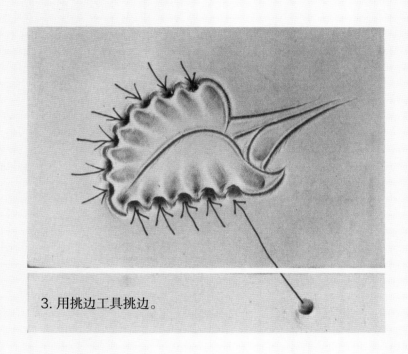

3. 用挑边工具挑边。

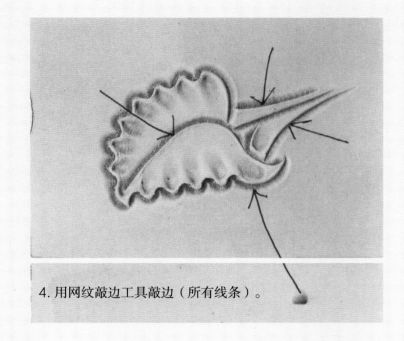

4. 用网纹敲边工具敲边（所有线条）。

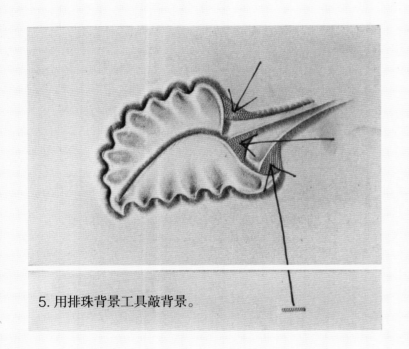

5. 用排珠背景工具敲背景。

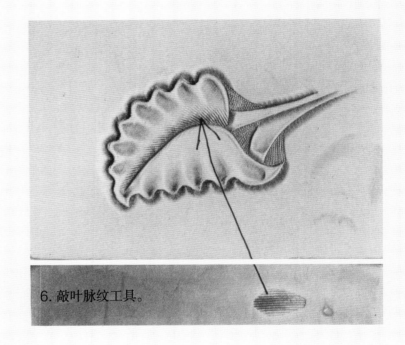

6. 敲叶脉纹工具。

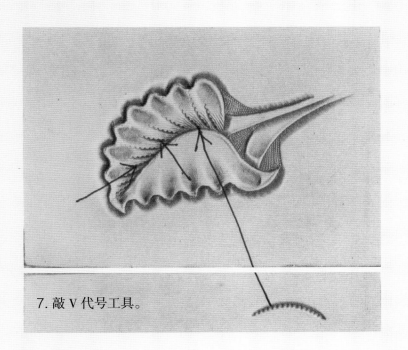

7. 敲 V 代号工具。

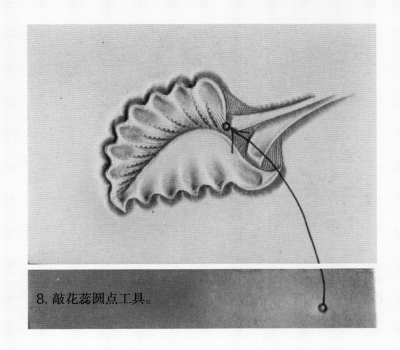

8. 敲花蕊圆点工具。

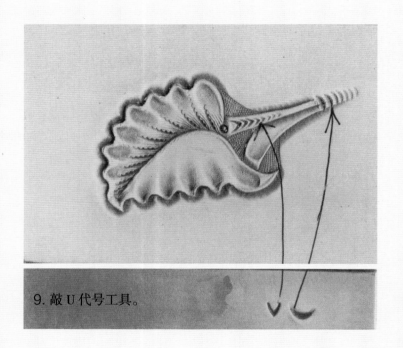

9. 敲 U 代号工具。

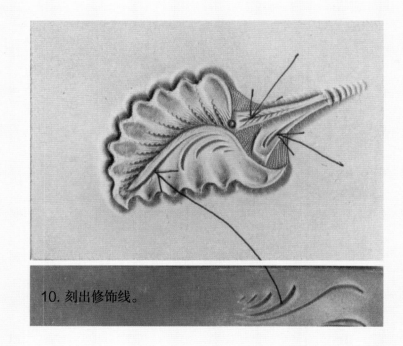

10. 刻出修饰线。

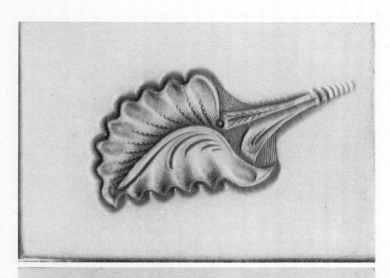

11. 使用一层薄薄的防染剂将图案完全覆盖住，并待其彻底干透。这里我使用的防染剂是 Lac-Kote。

12. 使用复古染料将图案覆盖并适当摩擦。用干净的布擦去多余染料，并用另一块干净的布进行最后的抛光。这里我使用的是 Fiebing's 浅棕色（LIGHT BROWN）复古油染。

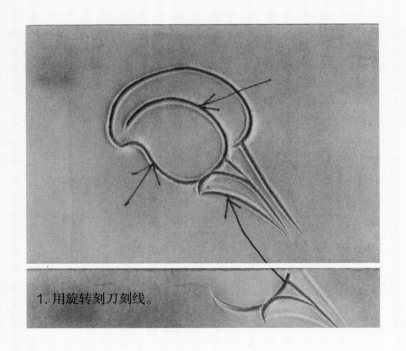

1. 用旋转刻刀刻线。

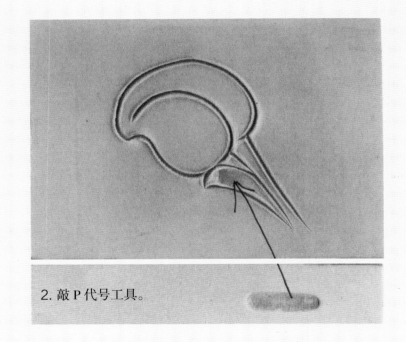

2. 敲 P 代号工具。

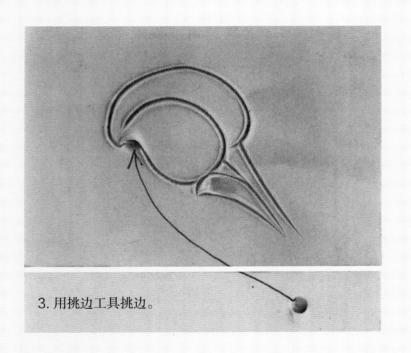

3. 用挑边工具挑边。

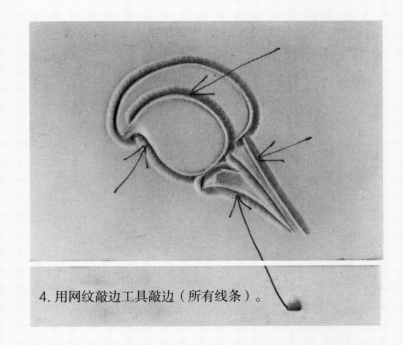

4. 用网纹敲边工具敲边（所有线条）。

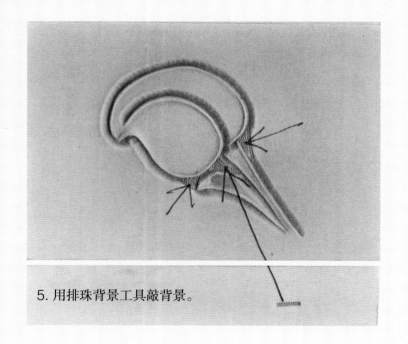

5. 用排珠背景工具敲背景。

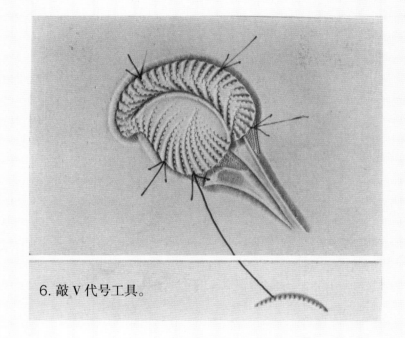

6. 敲 V 代号工具。

038

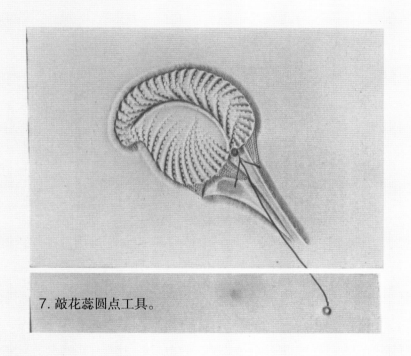

7. 敲花蕊圆点工具。

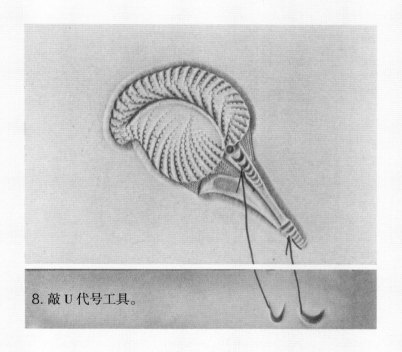

8. 敲 U 代号工具。

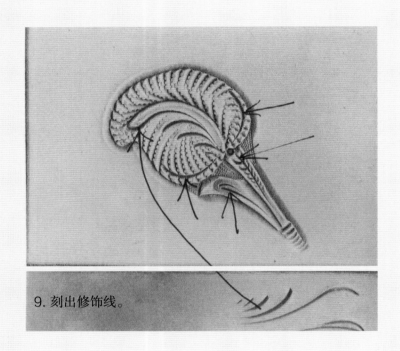

9. 刻出修饰线。

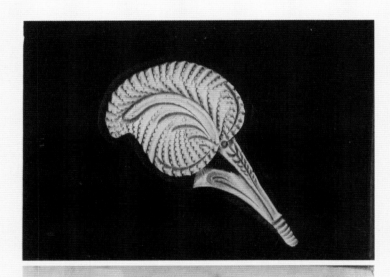

10. 使用你喜欢的皮革染色剂进行染色。这里我使用的是 Fiebing's 马臀色（CORDOVAN）染色剂。

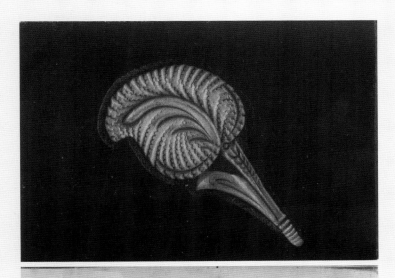

11. 使用一层薄薄的防染剂将图案完全覆盖住，并待其彻底干透。这里我使用的防染剂是 Lac-Kote。

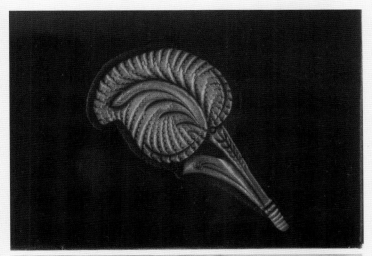

12. 使用复古染料将图案覆盖并适当摩擦。用干净的布擦去多余染料，并用另一块干净的布进行最后的抛光。这里我使用的是 Fiebing's 马臀色（CORDOVAN）复古油染。

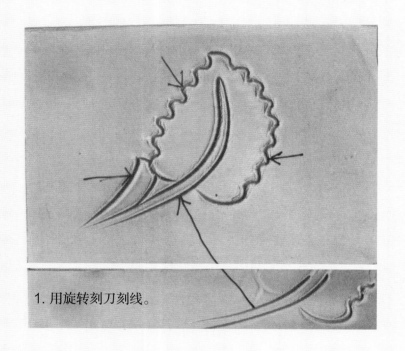

1. 用旋转刻刀刻线。

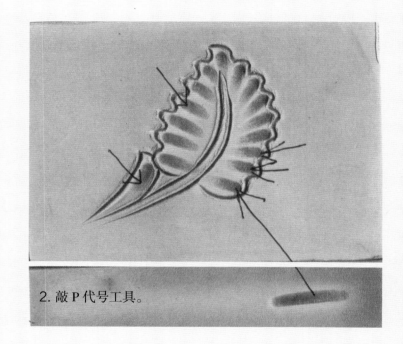

2. 敲 P 代号工具。

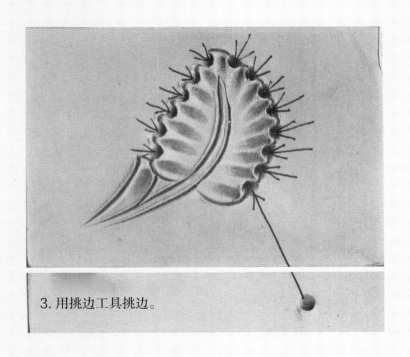

3.用挑边工具挑边。

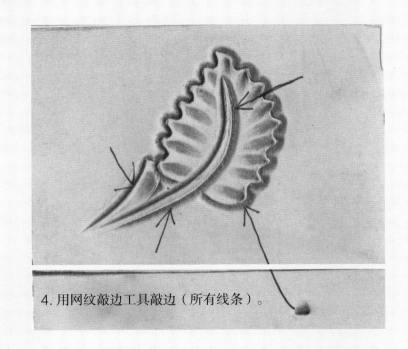

4.用网纹敲边工具敲边（所有线条）。

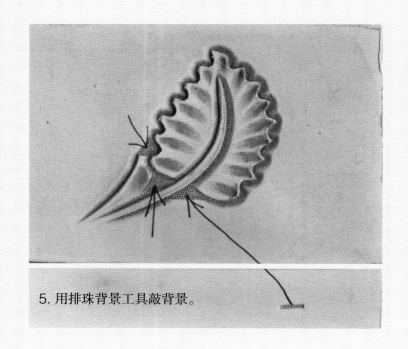

5. 用排珠背景工具敲背景。

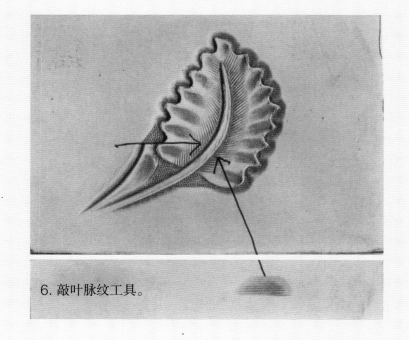

6. 敲叶脉纹工具。

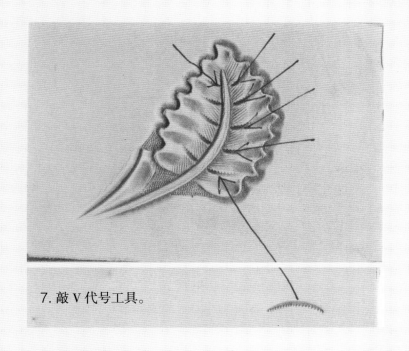

7. 敲 V 代号工具。

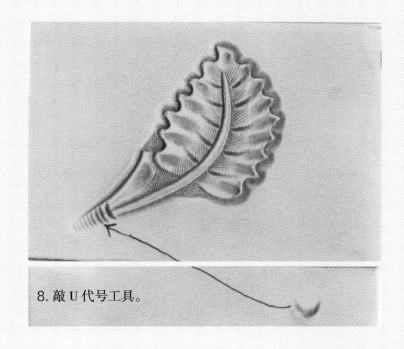

8. 敲 U 代号工具。

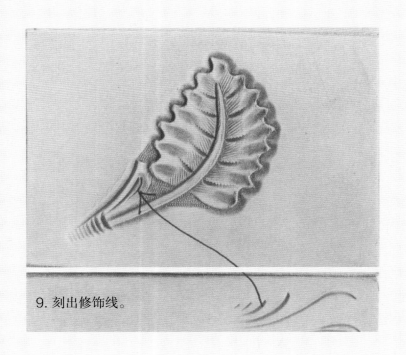

9. 刻出修饰线。

10. 使用你喜欢的皮革染色剂进行染色。这里我使用的是 Fiebing's 红褐色（MAHOGANY）染色剂。

11. 使用一层薄薄的防染剂将图案完全覆盖住，并待其彻底干透。这里我使用的防染剂是 Lac-Kote。

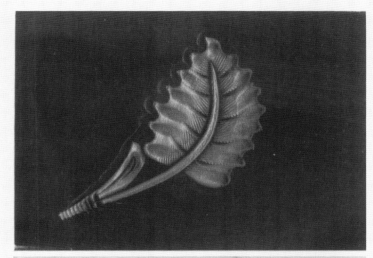

12. 使用复古染料将图案覆盖并适当摩擦。用干净的布擦去多余染料，并用另一块干净的布进行最后的抛光。这里我使用的是 Fiebing's 红褐色（MAHOGANY）复古油染。

1. 用旋转刻刀刻线。

2. 敲 P 代号工具。

3. 用网纹敲边工具敲边（所有线条）。

4. 用排珠背景工具敲背景。

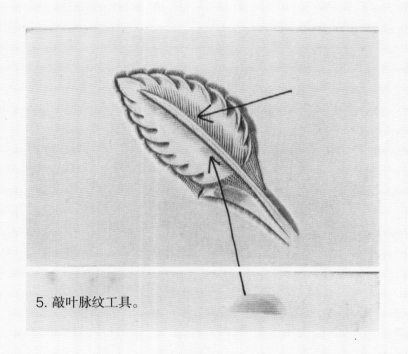

5. 敲叶脉纹工具。

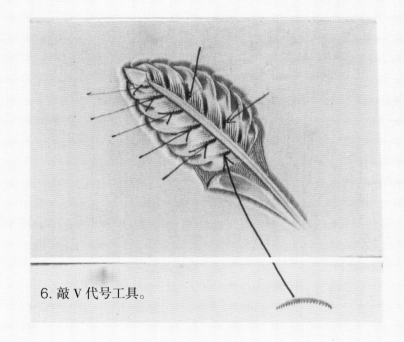

6. 敲 V 代号工具。

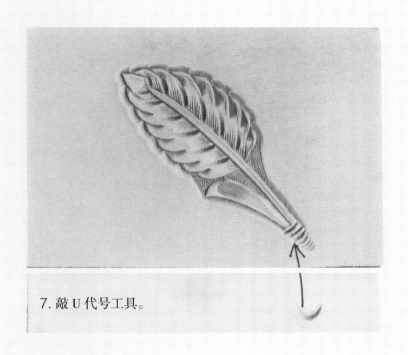

7. 敲 U 代号工具。

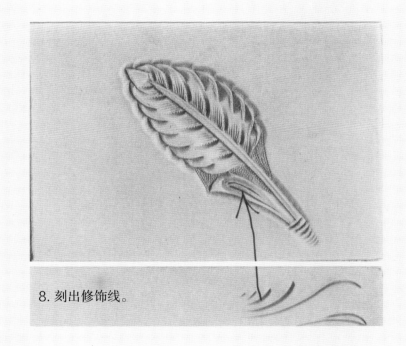

8. 刻出修饰线。

9. 使用你喜欢的皮革染色剂进行染色。这里我使用的是
Fiebing's 棕褐色（BRITISH TAN）染色剂。

10. 使用一层薄薄的防染剂将图案完全覆盖住，并待其彻
底干透。这里我使用的防染剂是 Lac-Kote。

11. 使用复古染料将图案覆盖并适当摩擦。用干净的布擦去多余染料，并用另一块干净的布进行最后的抛光。这里我使用的是 Fiebing's 棕褐色（BRITISH TAN）复古油染。

TIPS

在雕刻前将皮革放入袋中保存的方法

1. 适当打湿皮面。

2. 放入棕色纸袋中。

3. 将纸袋放入一个大拉链塑料袋中，可使皮面在 1 小时内保持湿润。

涡卷

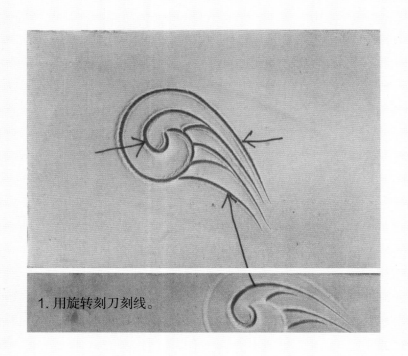

1. 用旋转刻刀刻线。

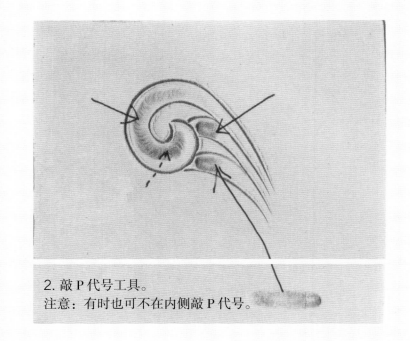

2. 敲 P 代号工具。
注意：有时也可不在内侧敲 P 代号。

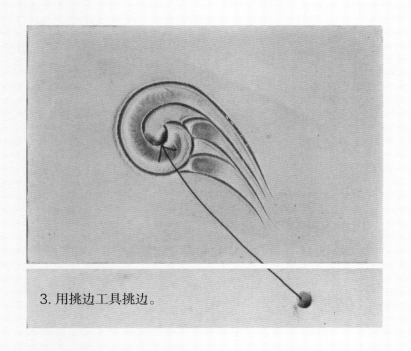

3. 用挑边工具挑边。

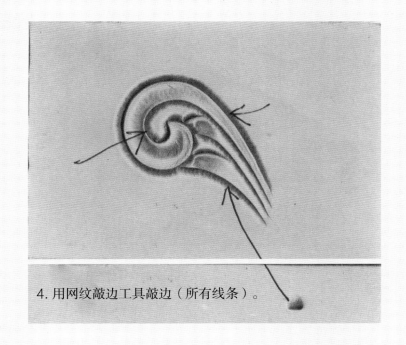

4. 用网纹敲边工具敲边（所有线条）。

5. 用排珠背景工具敲背景。

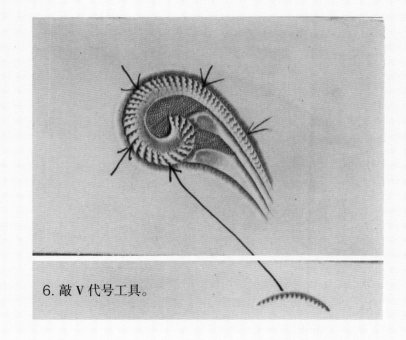

6. 敲 V 代号工具。

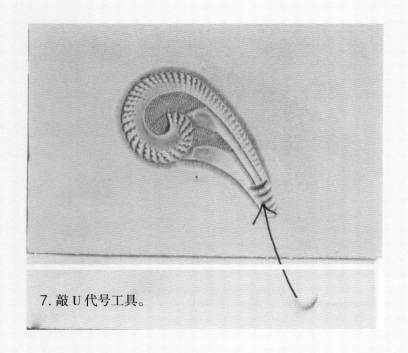

7. 敲 U 代号工具。

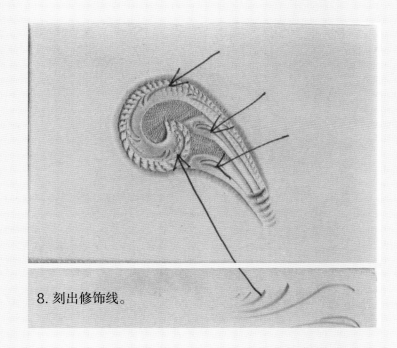

8. 刻出修饰线。

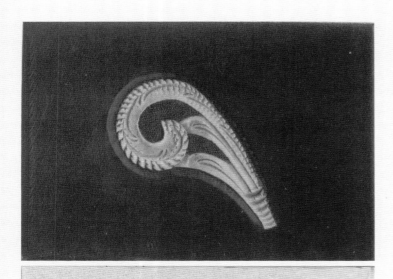

9. 使用你喜欢的皮革染色剂进行染色。这里我使用的是 Fiebing's 马臀色（CORDOVAN）染色剂。

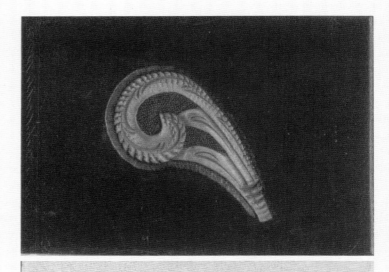

10. 使用一层薄薄的防染剂将图案完全覆盖住，并待其彻底干透。这里我使用的防染剂是 Lac-Kote。

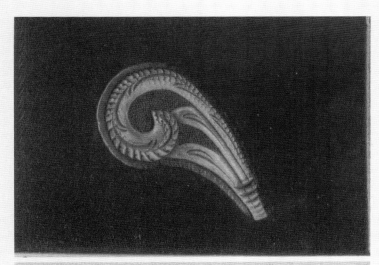

11. 使用复古油染将图案覆盖并适当摩擦。用干净的布擦去多余染料，并用另一块干净的布进行最后的抛光。这里我使用的是 Fiebing's 红褐色（MAHOGANY）复古油染。

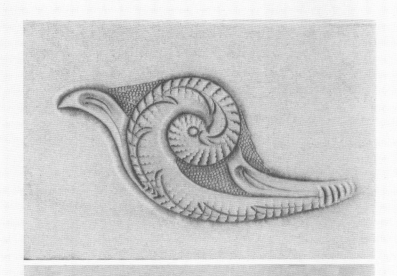

※ 这是另一种样式的涡卷。

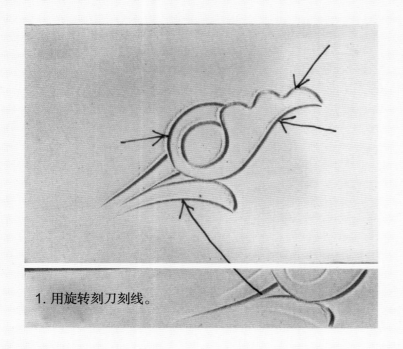

1. 用旋转刻刀刻线。

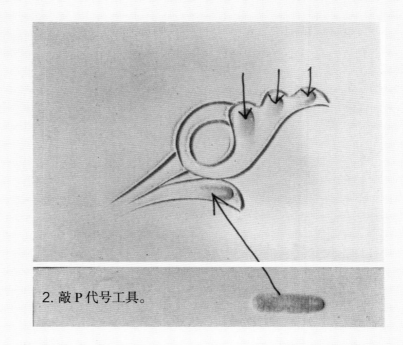

2. 敲P代号工具。

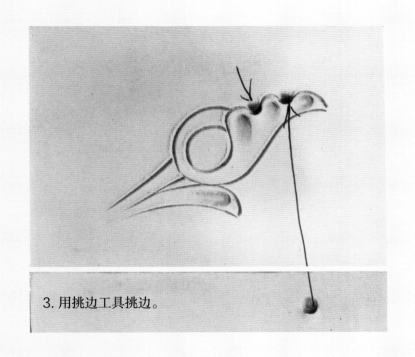

3. 用挑边工具挑边。

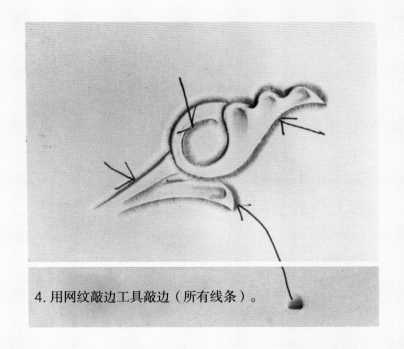

4. 用网纹敲边工具敲边（所有线条）。

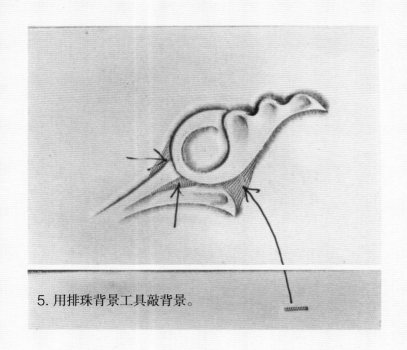

5. 用排珠背景工具敲背景。

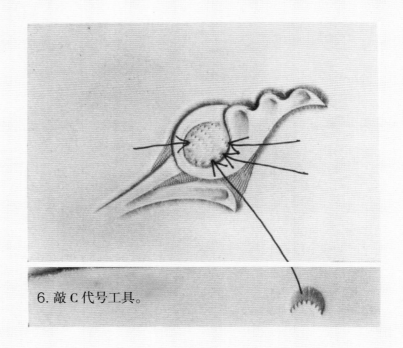

6. 敲 C 代号工具。

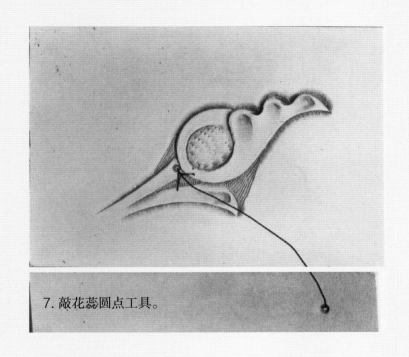

7. 敲花蕊圆点工具。

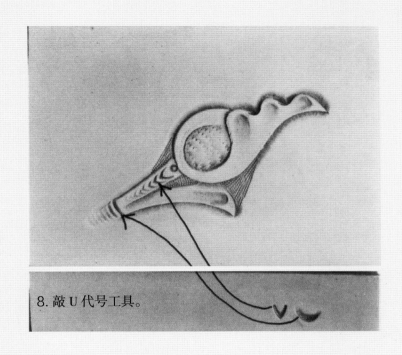

8. 敲 U 代号工具。

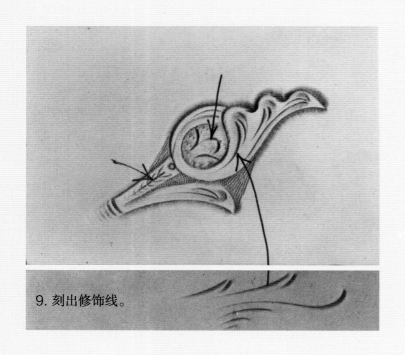

9. 刻出修饰线。

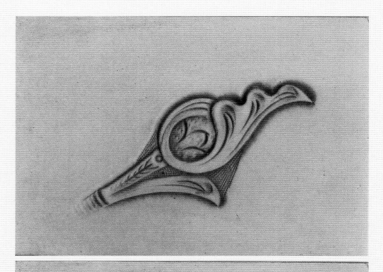

10. 使用一层薄薄的防染剂将图案完全覆盖住，并待其彻底干透。这里我使用的防染剂是 Lac-Kote。

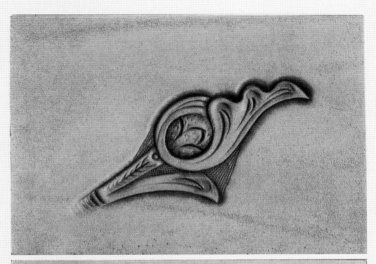

11. 使用复古油染将图案覆盖并适当摩擦。用干净的布擦去多余染料，并用另一块干净的布进行最后的抛光。这里我使用的是 Fiebing's 浅棕色（LIGHT BROWN）复古油染。

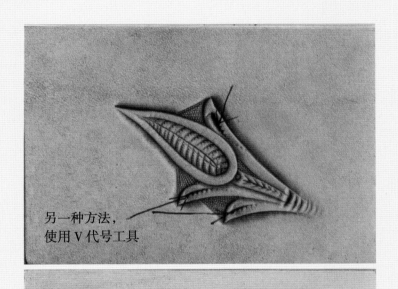

另一种方法，
使用 V 代号工具

※ 这是另一种样式的芽。

修饰叶 *

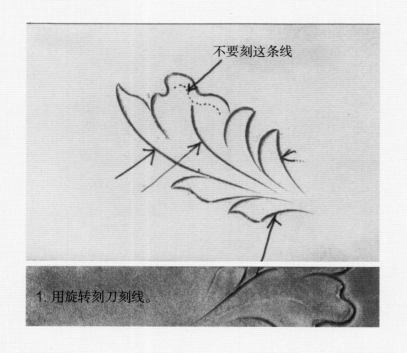

不要刻这条线

1. 用旋转刻刀刻线。

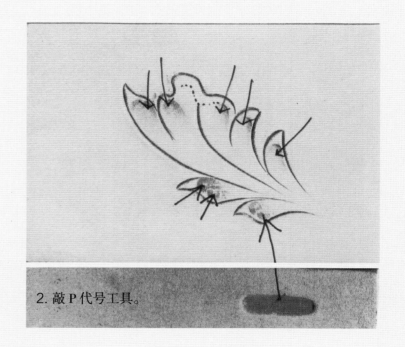

2. 敲 P 代号工具。

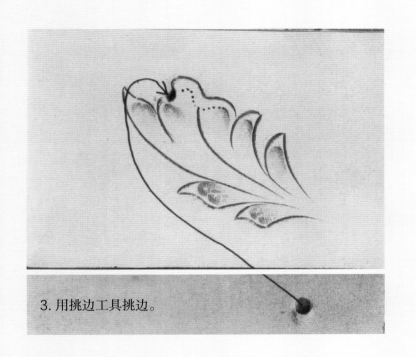

3.用挑边工具挑边。

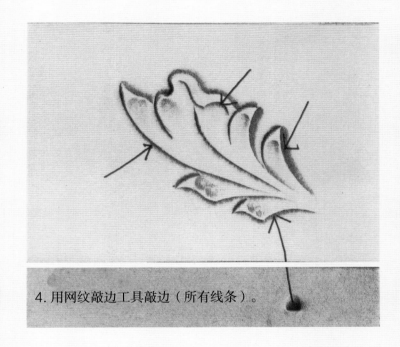

4.用网纹敲边工具敲边（所有线条）。

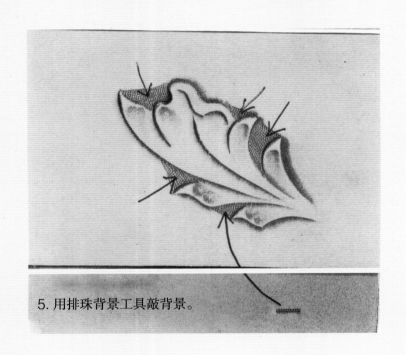

5. 用排珠背景工具敲背景。

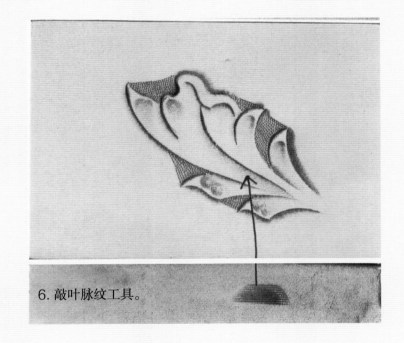

6. 敲叶脉纹工具。

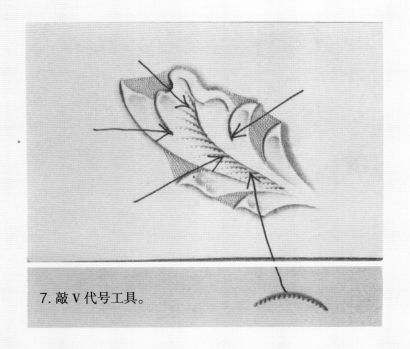

7. 敲 V 代号工具。

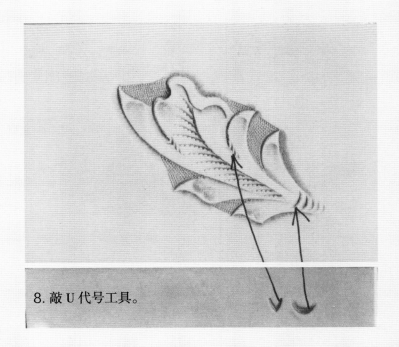

8. 敲 U 代号工具。

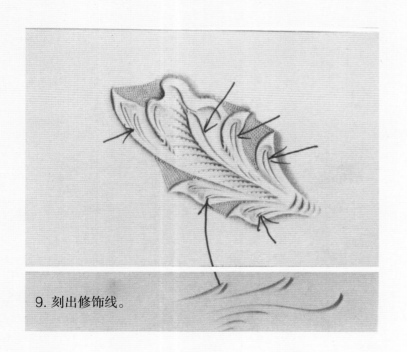

9. 刻出修饰线。

10. 使用你喜欢的皮革染色剂进行染色。这里我使用的是 Fiebing's 红褐色（MAHOGANY）染色剂。

11. 使用一层薄薄的防染剂将图案完全覆盖住，并待其彻底干透。这里我使用的防染剂是 Lac-Kote。

12. 使用复古油染将图案覆盖并适当摩擦。用干净的布擦去多余染料，并用另一块干净的布进行最后的抛光。这里我使用的是 Fiebing's 马臀色（CORDOVAN）复古油染。

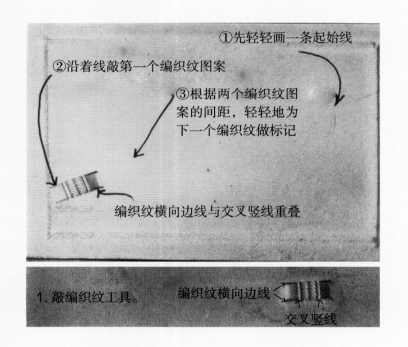

①先轻轻画一条起始线

②沿着线敲第一个编织纹图案

③根据两个编织纹图案的间距，轻轻地为下一个编织纹做标记

编织纹横向边线与交叉竖线重叠

1. 敲编织纹工具。

编织纹横向边线

交叉竖线

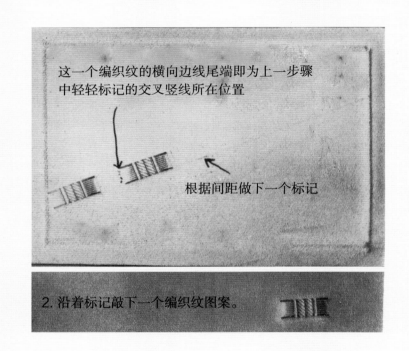

这一个编织纹的横向边线尾端即为上一步骤中轻轻标记的交叉竖线所在位置

根据间距做下一个标记

2. 沿着标记敲下一个编织纹图案。

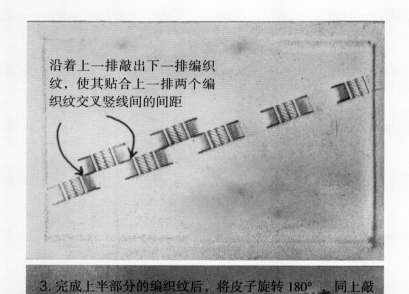

沿着上一排敲出下一排编织
纹，使其贴合上一排两个编
织纹交叉竖线间的间距

3. 完成上半部分的编织纹后，将皮子旋转 180°，同上敲
击下半部分的编织纹。

4. 皮面上下两部分都已敲上编织纹。

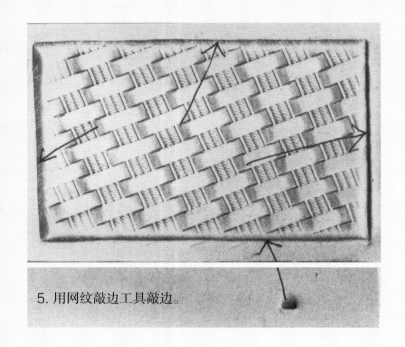

5. 用网纹敲边工具敲边。

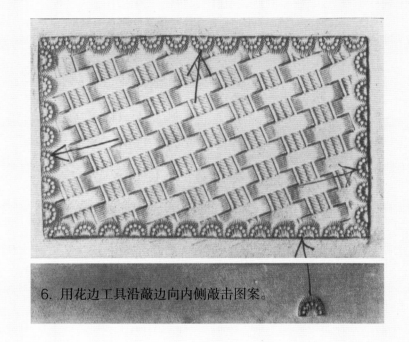

6. 用花边工具沿敲边向内侧敲击图案。

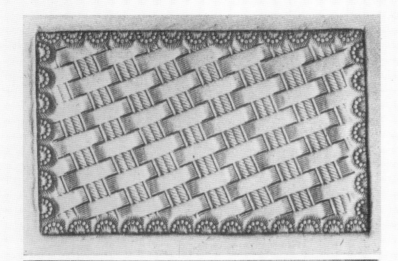

7. 涂上防染剂，待其彻底干透。这里我使用的防染剂是 Lac-Kote。

8. 如前文一样使用复古油染进行染色并抛光。这里我使用的是 Fiebing's 浅棕色（LIGHT BROWN）复古油染。

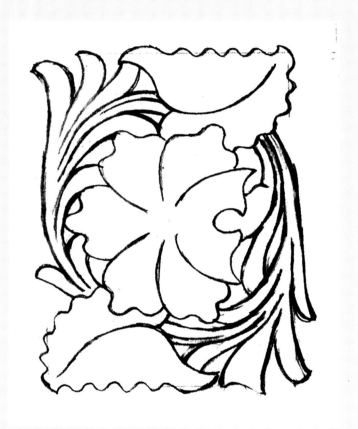

1. 复印你想要雕刻的图形。

2. 根据以上图案做一个皮花模具。

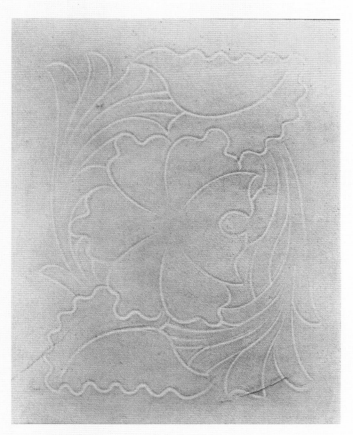

3.利用皮花模具，在雕刻皮面上复刻下雕刻图案。

4.用旋转刻刀刻线。

5. 敲花心工具，用花心放射工具修饰花心。

6. 敲 P 代号工具。

7. 挑边。

8. 用网纹敲边工具敲边。

9. 用排珠背景工具敲背景。

10. 用叶脉纹工具敲叶脉。

11. 敲 V 代号工具。

12. 敲花蕊圆点工具和 U 代号工具。

13. 刻出修饰线。

14. 染出背景色。

15. 涂上防染剂。

16. 涂上复古油染。

1. 复印你想要雕刻的图案。

2. 根据以上图案做一个皮花模具。

3. 利用皮花模具，在雕刻皮面上复刻下雕刻图案。

4. 用旋转刻刀刻线。

5. 敲花心工具，用花心放射工具修饰花心。

6. 敲 P 代号工具。

7.用挑边工具挑边。

8.用网纹敲边工具敲边。

9. 用排珠背景工具敲背景。

10. 敲 V 代号工具。

11. 敲花蕊圆点工具和 U 代号工具。

12. 刻出修饰线。

13. 染出背景色。

14. 涂上防染剂。

15. 涂上复古油染。

现在是时候学以致用了，利用这两个图案制作你自己的皮夹吧。

这些图案还可以用来做三折皮夹。

祝你如愿以偿地做出谢里丹风格的皮夹。

1. 复印你想要雕刻的图案。

2. 根据以上图案做一个皮花模具。

3. 利用皮花模具，在雕刻皮面上印刻下雕刻图案。

4. 用旋转刻刀刻线。

5. 敲 C 代号工具。

6. 敲 P 代号工具。

7. 用挑边工具挑边。

8. 用网纹敲边工具敲边。

9. 用排珠背景工具敲背景。

10. 用叶脉纹工具敲叶脉。

11. 敲 V 代号工具。

12. 敲花蕊圆点工具和 U 代号工具。

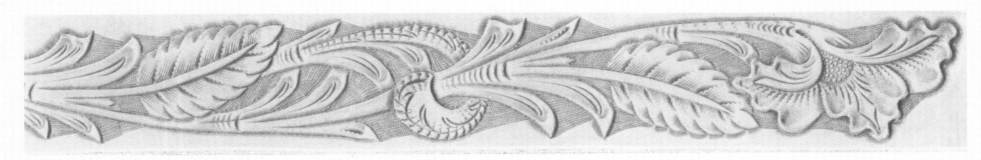

13. 刻出修饰线。

14. 染出背景色。

15.涂上防染剂。

16.涂上复古油染。

让我们用刚才学过的知识来做一个支票夹吧

一、 此处图案为前文中的花形＃1和叶子＃3的组合。

二、编织纹部分是支票夹背面。

三、将图案描绘至皮面上。你也可以先做出皮花模具。

四、在皮革背面黏上一片轻薄塑料纸或纤维纸，防止皮面拉伸变形。

五、如之前所做，用皮花模具复刻图形，刻线并使用印花工具雕刻。

六、完成后用皮绳缠边或用线缝合。

七、最为重要的一点——享受这个过程并乐在其中。

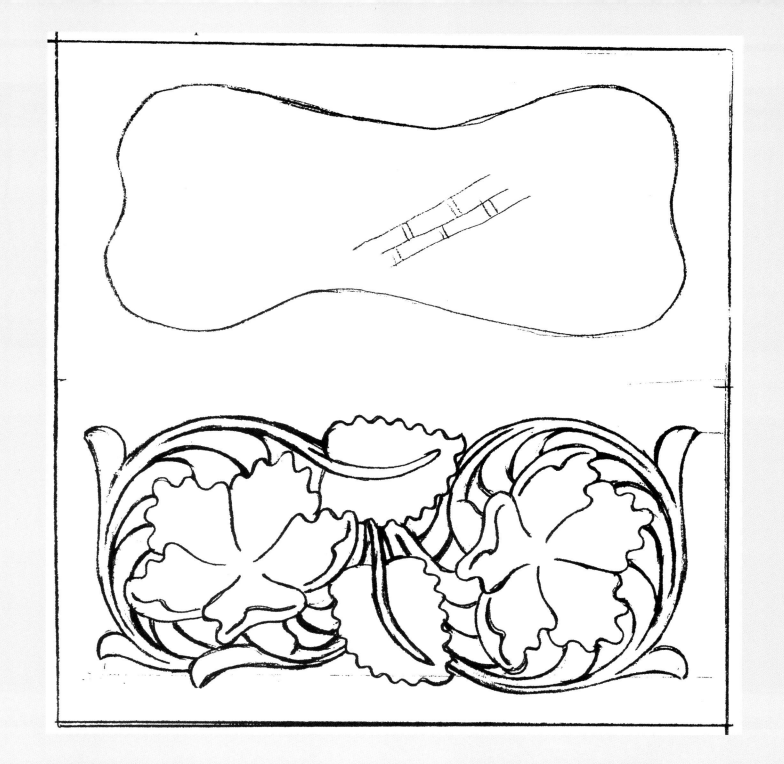

制作顺序

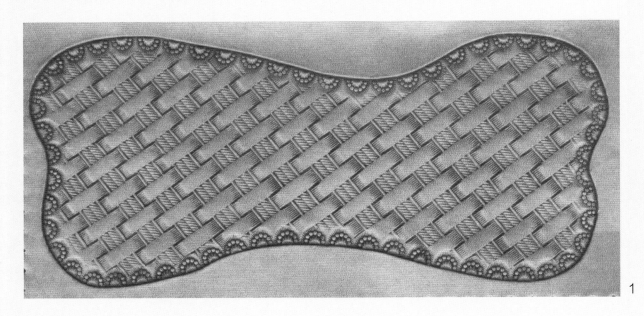

1

1. 先根据上述的编织纹制作方法制作支票夹的背面。

2. 利用废弃皮料做皮花模具。

3. 在皮面上利用皮花模具进行复刻。

注意：制作前在皮料背面黏上一片轻薄塑料纸或纤维纸，防止皮面拉伸变形。

2

3

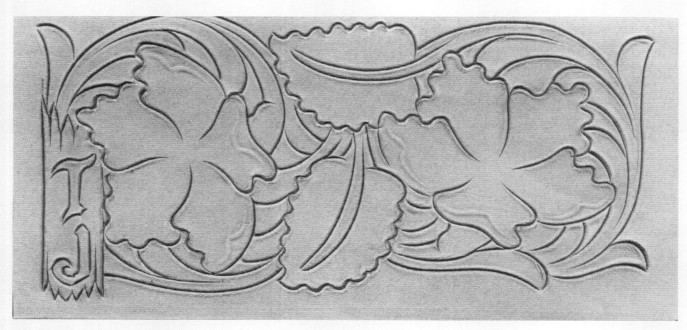

4. 用旋转刻刀刻线。

5.用花心工具敲花心，用花心放射工具修饰花心。

6. 敲 P 代号工具。

7. 用挑边工具挑边。

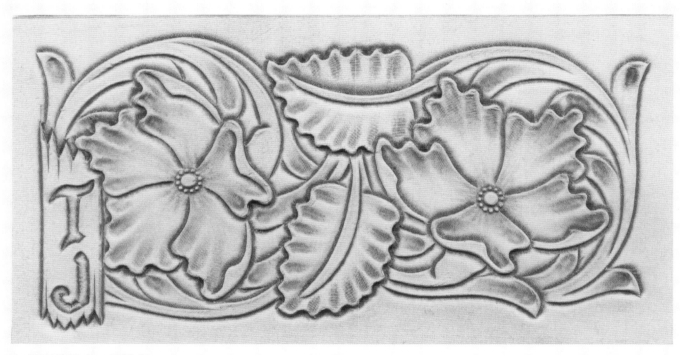

8.用网纹敲边工具敲边。

9. 用排珠背景工具敲背景。

10. 用叶脉纹工具敲叶脉。

11. 敲 V 代号工具。

12. 敲花蕊圆点工具和 U 代号工具。

13. 刻出修饰线。

14. 染出背景色并涂上防染剂。

15. 涂上复古油染。

16. 在内里侧边画线。

17. 在内里黏上放置支票的口袋。

18. 打孔。

19. 缝合。

20. 完成。

恭喜你！你已经亲手制作好了谢里丹风格支票夹。

赶紧拿出去炫耀一下吧！

117

Chapter 2

支票夹雕刻样式

Checkbook Patterns

124

6

8

134

9

136

138

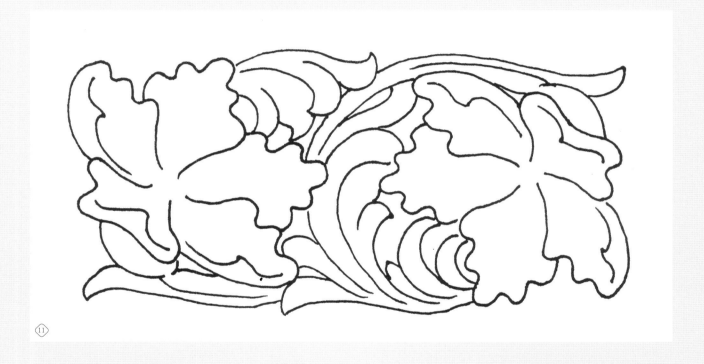

⑭

NAME

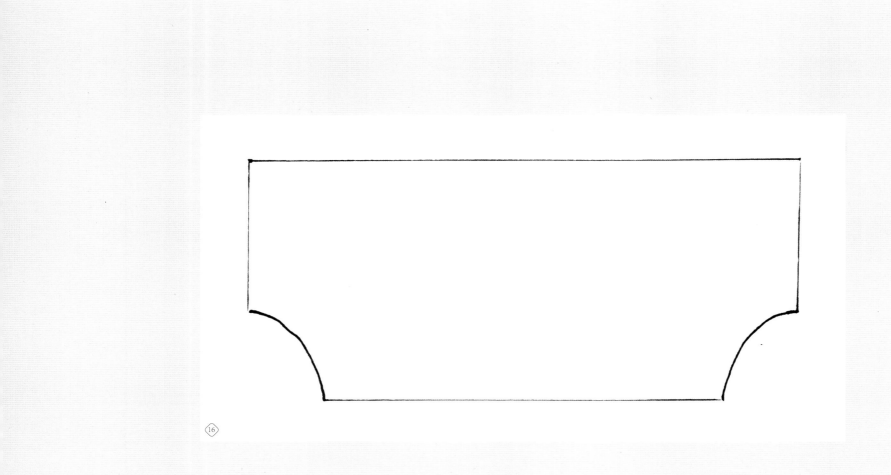

151

NAME

⑰

152

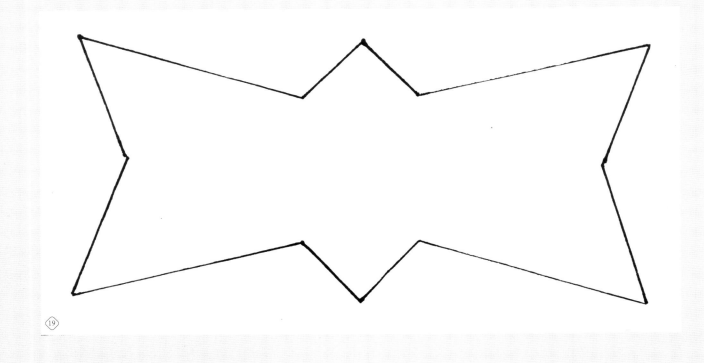

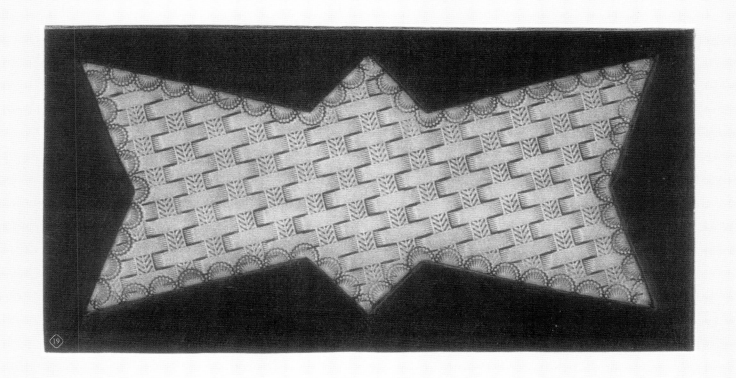

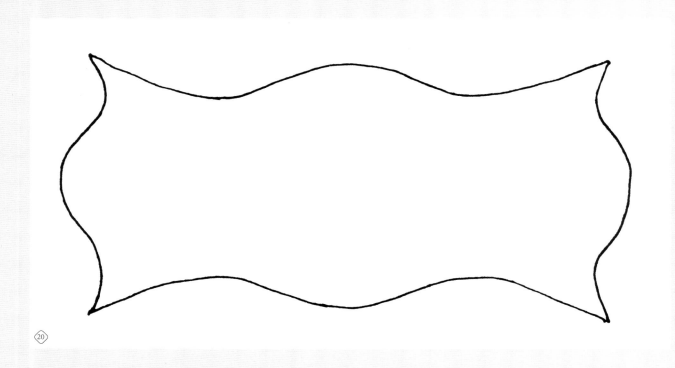

20

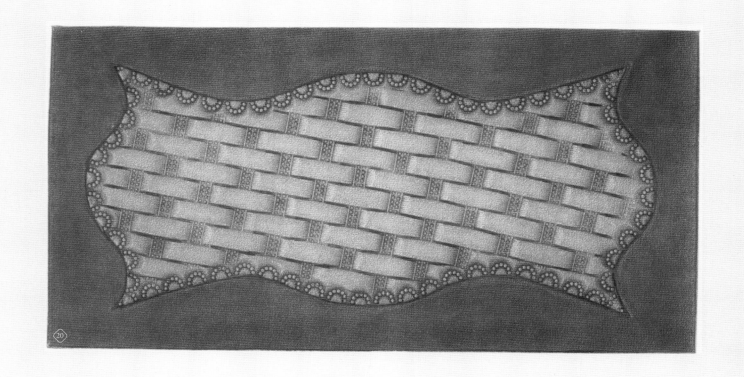

159

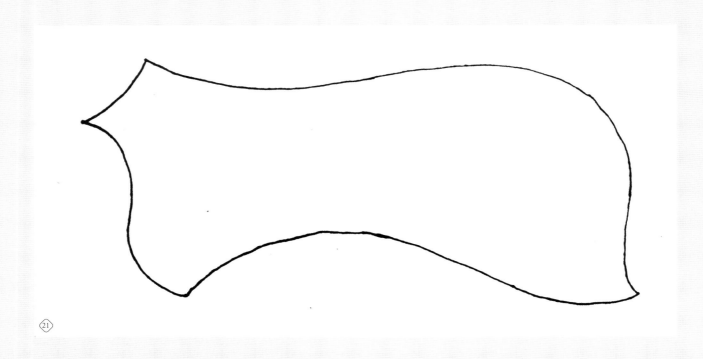

21

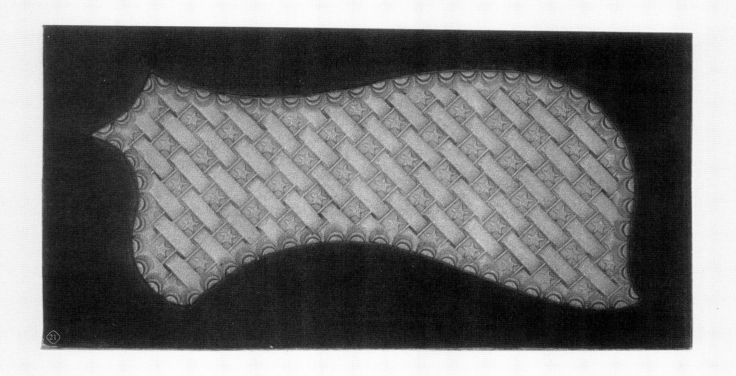

7 5/8"

6 7/8"

Chapter *3*

钱夹雕刻样式

Billfold Patterns

164

③

④

⑦

⑧

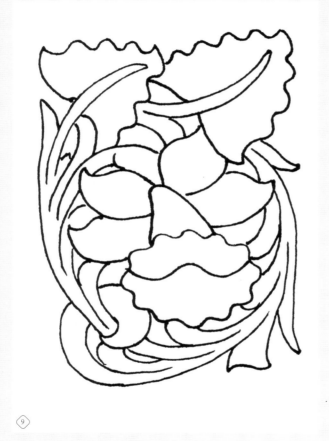

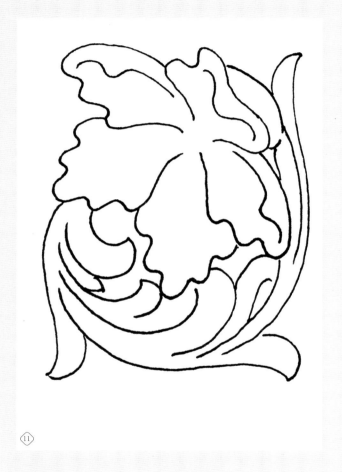

⑪

⑫

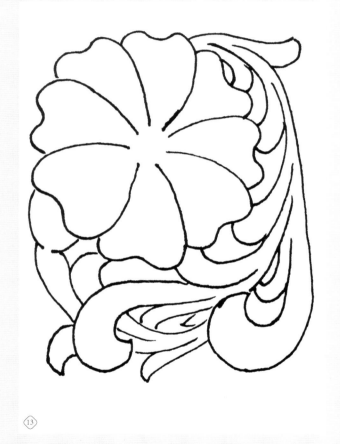

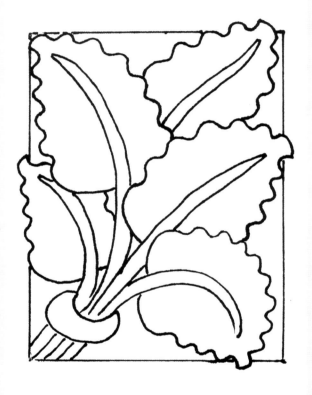

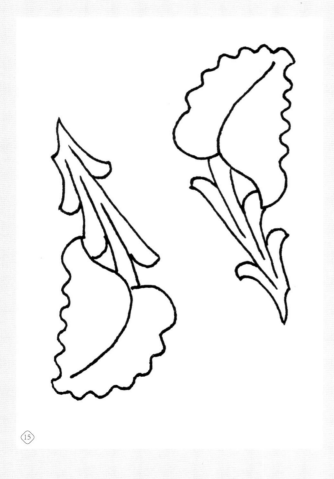

179

⑲

⑳

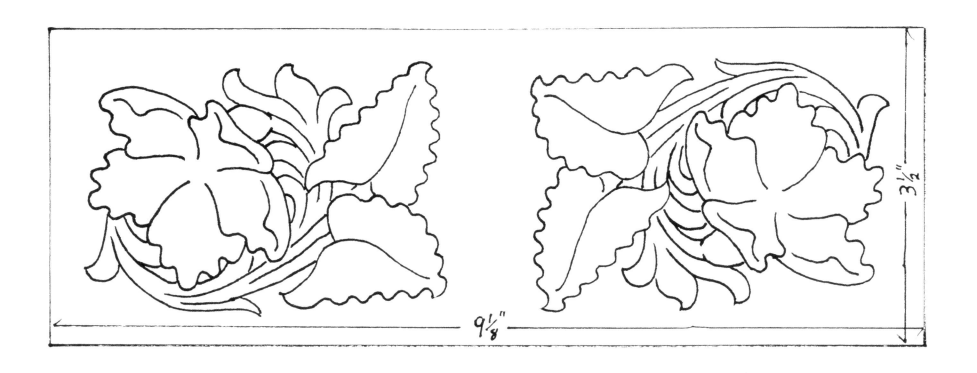

184

Chapter 4

腰带雕刻样式

Belts Patterns

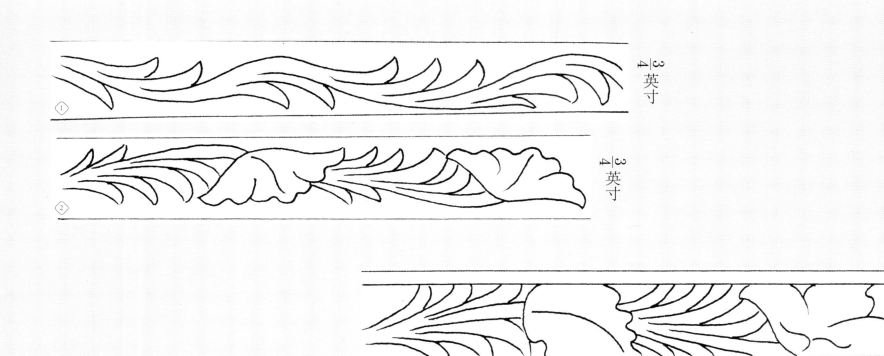

① $\dfrac{3}{4}$英寸

② $\dfrac{3}{4}$英寸

③ 一英寸

④ 一英寸

186

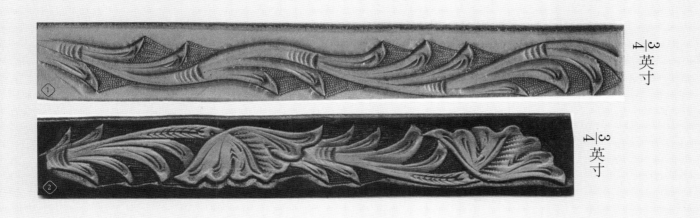

$\dfrac{3}{4}$英寸

$\dfrac{3}{4}$英寸

1英寸

1英寸

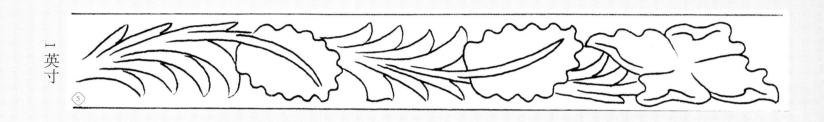

一英寸

⑤

⑥

一英寸

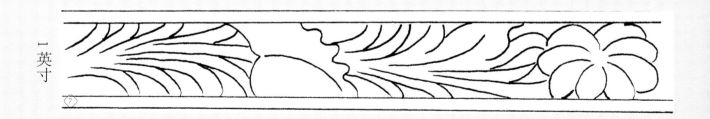

⑦

一英寸

188

一英寸

一英寸

一英寸

$1\frac{1}{4}$ 英寸

$1\frac{1}{4}$ 英寸

$1\frac{1}{4}$ 英寸

$1\frac{1}{4}$英寸

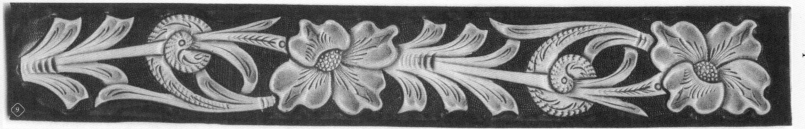

$1\frac{1}{4}$英寸

$1\frac{1}{4}$英寸

191

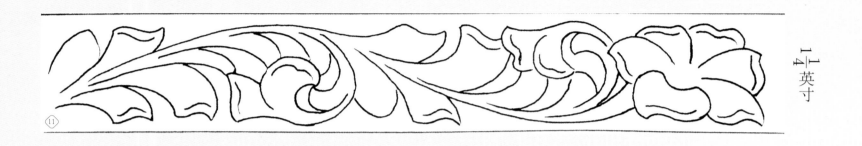

$1\frac{1}{4}$英寸

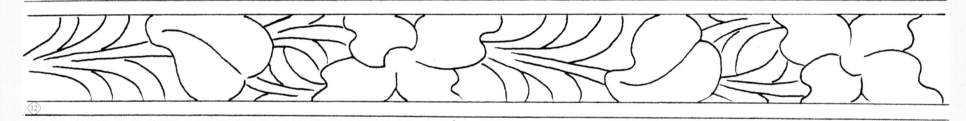

$1\frac{1}{4}$英寸

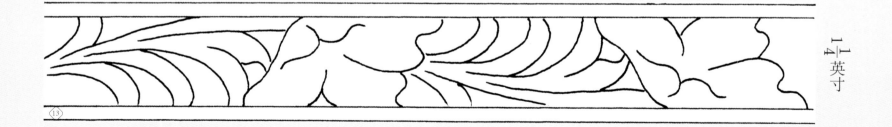

$1\frac{1}{4}$英寸

$1\frac{1}{4}$英寸

$1\frac{1}{4}$英寸

$1\frac{1}{4}$英寸

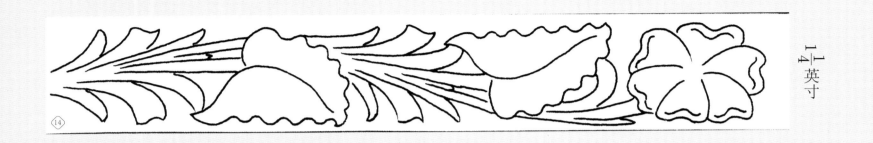

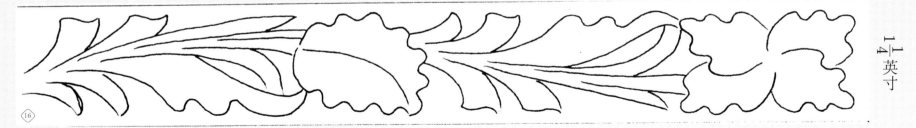

1$\frac{1}{4}$英寸

1$\frac{1}{4}$英寸

1$\frac{1}{4}$英寸

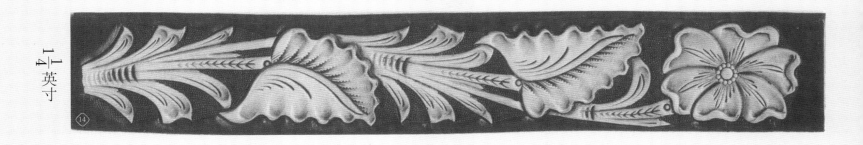

$1\dfrac{1}{4}$ 英寸

$1\dfrac{1}{4}$ 英寸

$1\dfrac{1}{4}$ 英寸

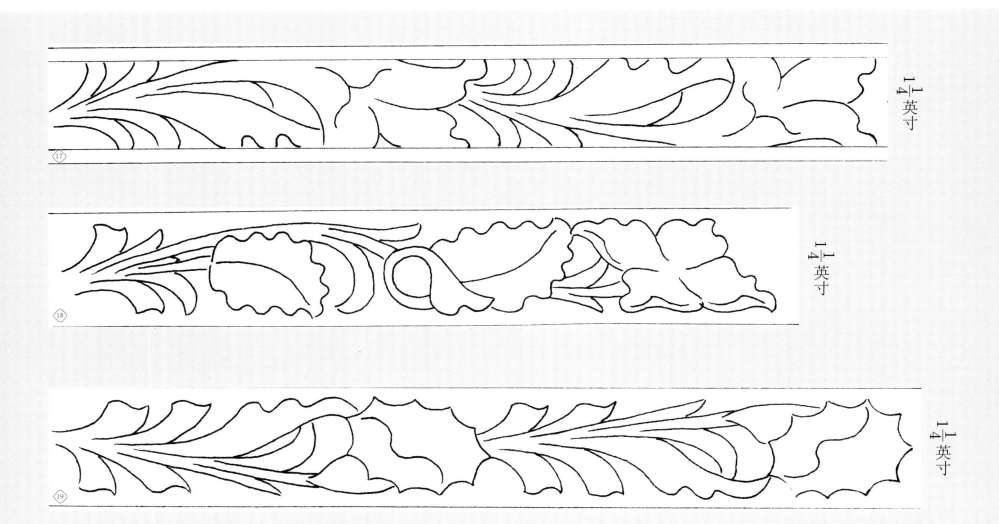

1$\frac{1}{4}$英寸

1$\frac{1}{4}$英寸

1$\frac{1}{4}$英寸

196

$1\frac{1}{4}$英寸

$1\frac{1}{4}$英寸

$1\frac{1}{4}$英寸

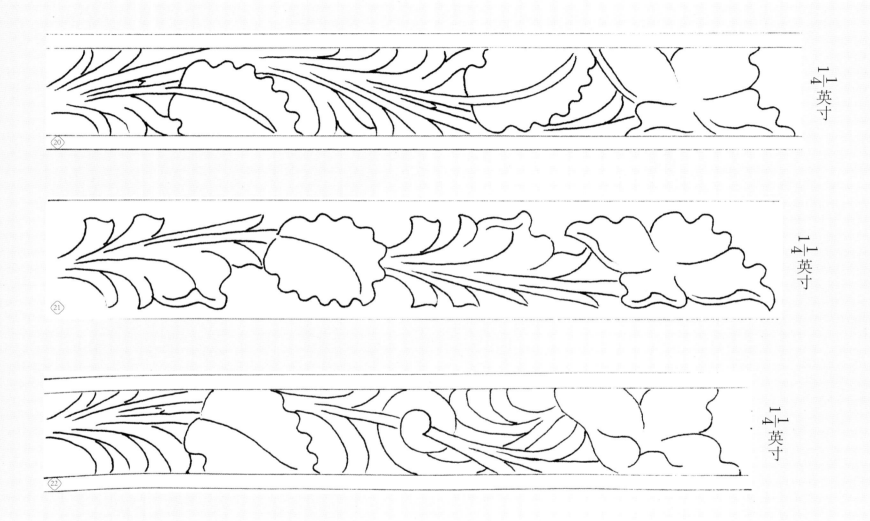

1$\frac{1}{4}$英寸

1$\frac{1}{4}$英寸

1$\frac{1}{4}$英寸

198

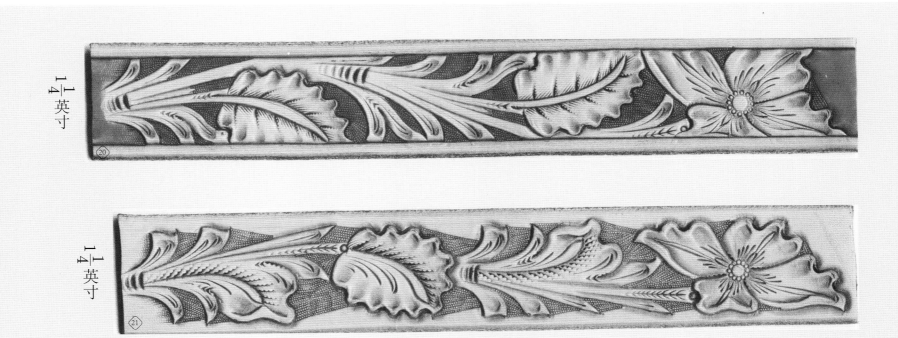

$1\frac{1}{4}$英寸

$1\frac{1}{4}$英寸

$1\frac{1}{4}$英寸

23　$1\frac{1}{4}$英寸

24　$1\frac{1}{4}$英寸

25　$1\frac{1}{4}$英寸

$1\frac{1}{4}$英寸

㉓

$1\frac{1}{4}$英寸

㉔

$1\frac{1}{4}$英寸

㉕

201

㉖ $1\frac{1}{4}$英寸

㉗ $1\frac{1}{4}$英寸

㉘ $1\frac{1}{4}$英寸

202

$1\frac{1}{4}$ 英寸

㉖

$1\frac{1}{4}$ 英寸

㉗

$1\frac{1}{4}$ 英寸

㉘

203

$1\frac{3}{8}$英寸

$1\frac{3}{8}$英寸

$1\frac{3}{8}$英寸

$1\dfrac{3}{8}$英寸

$1\dfrac{3}{8}$英寸

$1\dfrac{3}{8}$英寸

$1\dfrac{1}{2}$英寸

$1\dfrac{1}{2}$英寸

$1\frac{1}{2}$英寸

$1\frac{1}{2}$英寸

$1\frac{1}{2}$ 英寸

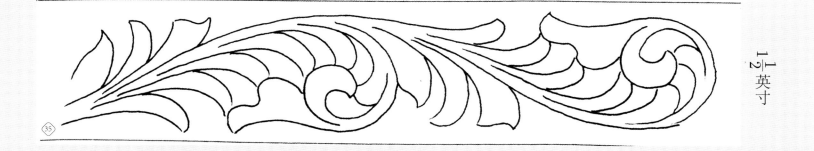

$1\frac{1}{2}$ 英寸

208

1½英寸

1½英寸

$1\dfrac{1}{2}$英寸

$1\dfrac{1}{2}$英寸

$1\frac{1}{2}$英寸

$1\frac{1}{2}$英寸

$1\frac{1}{2}$英寸

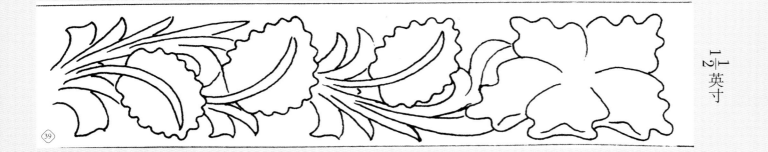

$1\frac{1}{2}$英寸

212

1½英寸

1½英寸

213

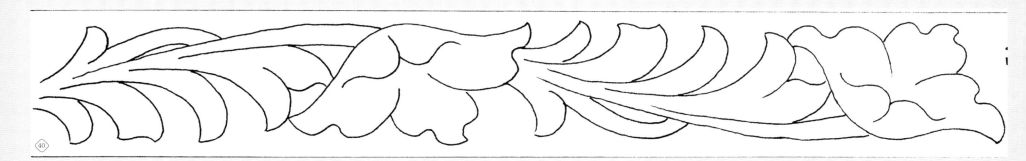

$1\frac{1}{2}$英寸

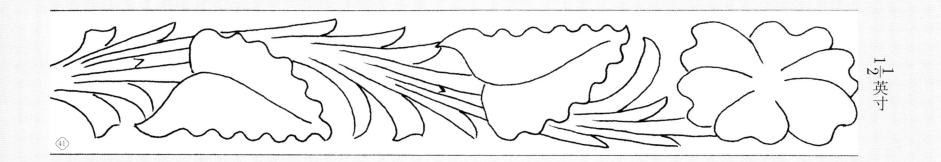

$1\frac{1}{2}$英寸

214

$1\frac{1}{2}$英寸

$1\frac{1}{2}$英寸

215

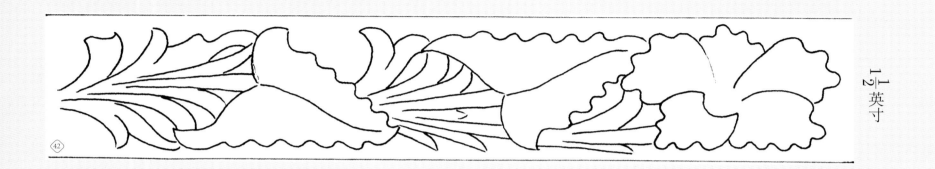

1½英寸

42

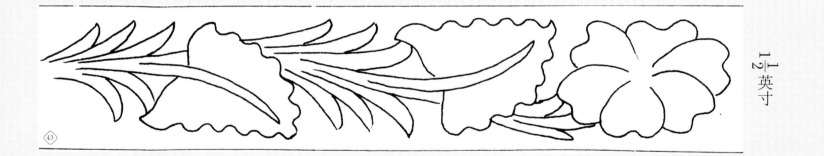

1½英寸

43

216

1$\frac{1}{2}$英寸

1$\frac{1}{2}$英寸

217

$1\dfrac{1}{2}$英寸

$1\dfrac{1}{2}$英寸

218

$1\frac{1}{2}$英寸

$1\frac{1}{2}$英寸

219

1$\frac{1}{2}$英寸

1$\frac{1}{2}$英寸

1½英寸

1½英寸

$1\frac{1}{2}$英寸

$1\frac{1}{2}$英寸

$1\frac{1}{2}$英寸

$1\frac{1}{2}$英寸

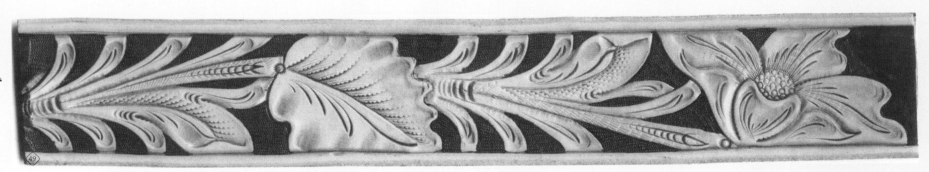

50　$1\frac{1}{2}$英寸

51　$1\frac{1}{2}$英寸

$1\dfrac{1}{2}$ 英寸

$1\dfrac{1}{2}$ 英寸

225

$1\frac{1}{2}$英寸

$1\frac{1}{2}$英寸

226

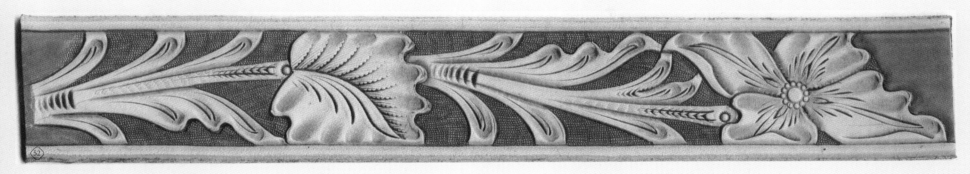

$1\frac{1}{2}$ 英寸

$1\frac{1}{2}$ 英寸

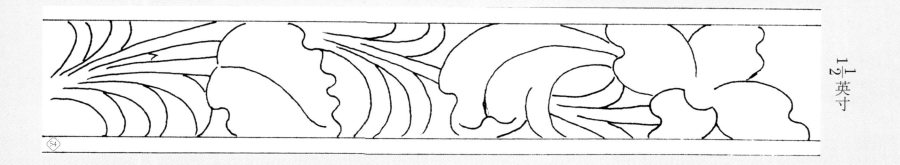

1$\frac{1}{2}$英寸

54

1$\frac{1}{2}$英寸

55

228

$1\frac{1}{2}$英寸

$1\frac{1}{2}$英寸

$1\frac{3}{4}$英寸

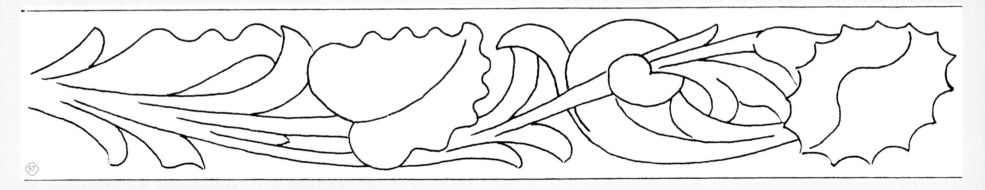

$1\frac{3}{4}$英寸

$1\dfrac{3}{4}$英寸

$1\dfrac{3}{4}$英寸

231

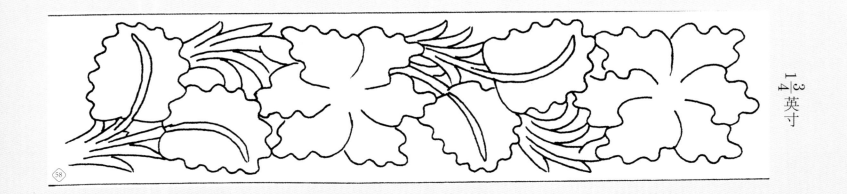

$1\dfrac{3}{4}$英寸

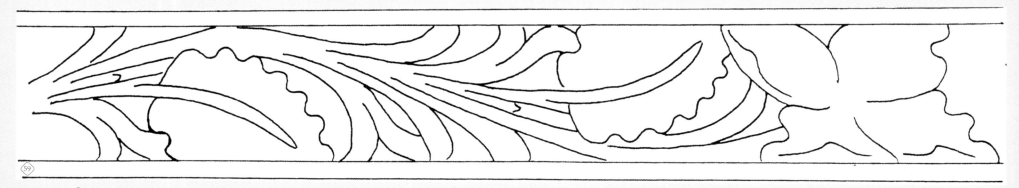

$1\dfrac{3}{4}$英寸

232

$1\frac{3}{4}$英寸

$1\frac{3}{4}$英寸

233

$1\frac{3}{4}$英寸

$1\frac{3}{4}$英寸

234

$1\dfrac{3}{4}$英寸

$1\dfrac{3}{4}$英寸

235

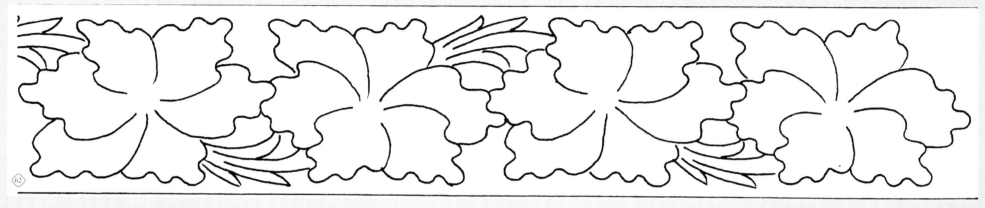

62

2 英寸

63

2 英寸

236

2 英寸

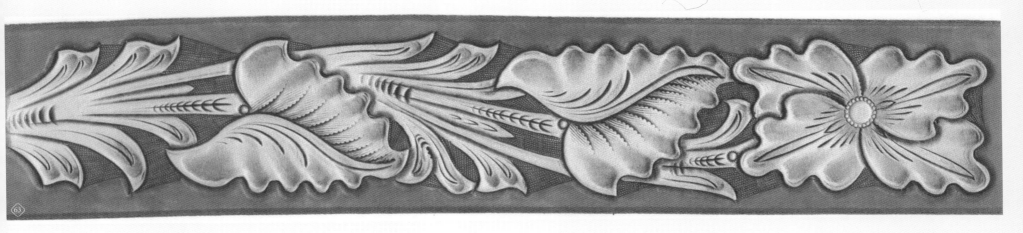

2 英寸

237

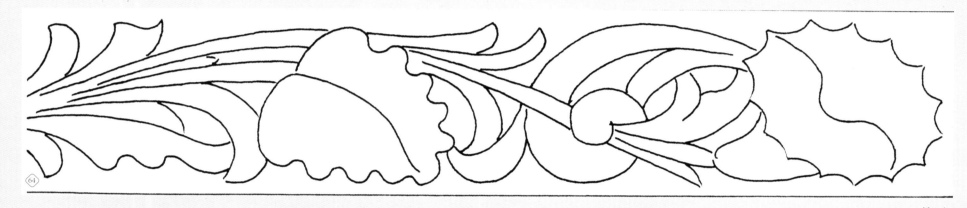

2 英寸

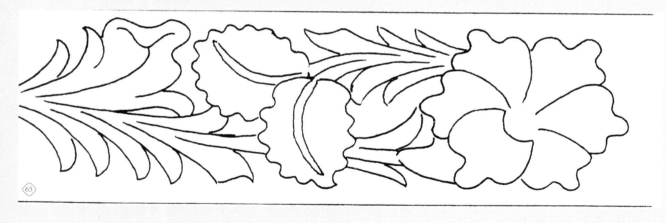

2 英寸

2 英寸

2 英寸

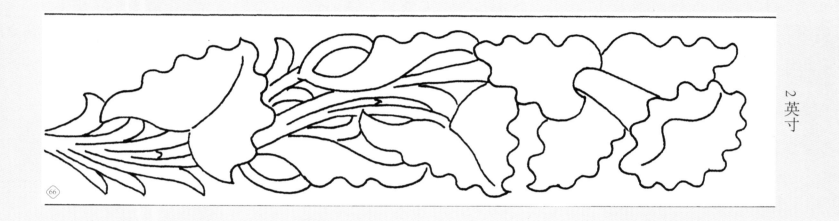

2英寸

66

2英寸

67

240

2英寸

2英寸

242

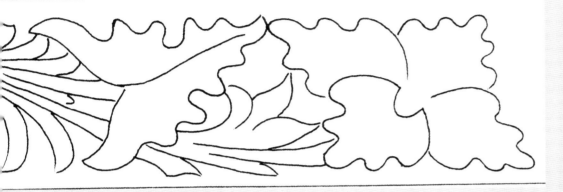

2 英寸

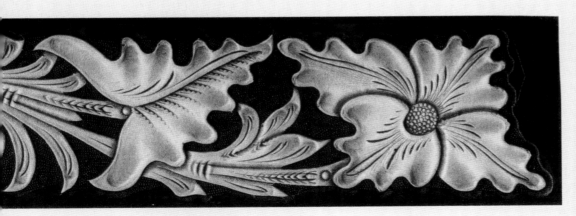

2 英寸

243

244

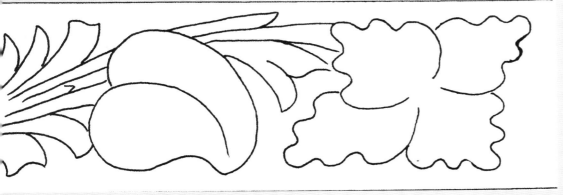

2英寸

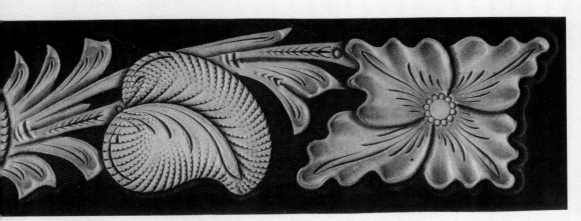

2英寸

245

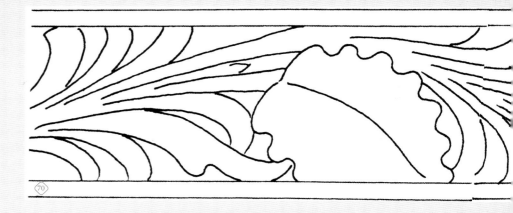

246

2 英寸

2 英寸

Column 2 带头雕刻样式

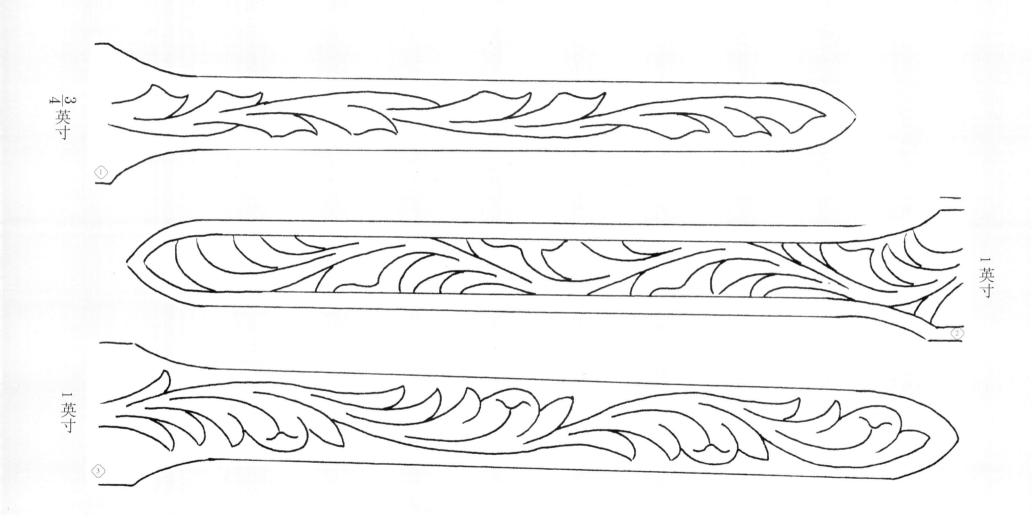

$\frac{3}{4}$英寸

①

1英寸

②

1英寸

③

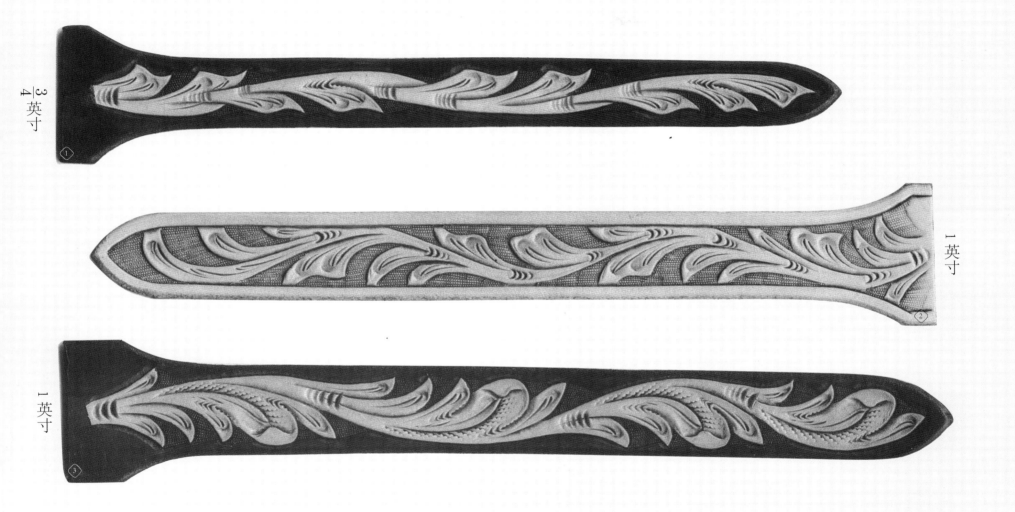

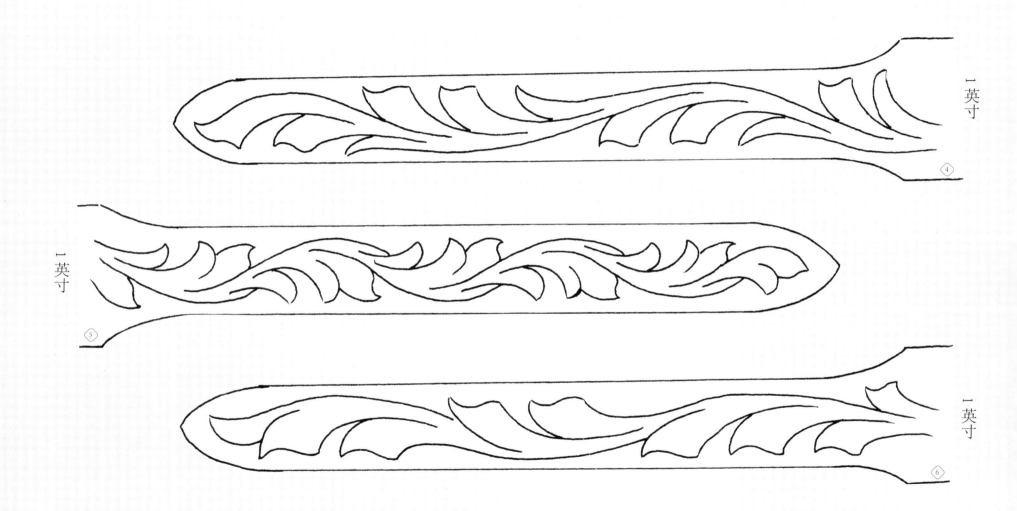

一英寸

④

一英寸

⑤

一英寸

⑥

1英寸

④

1英寸

⑤

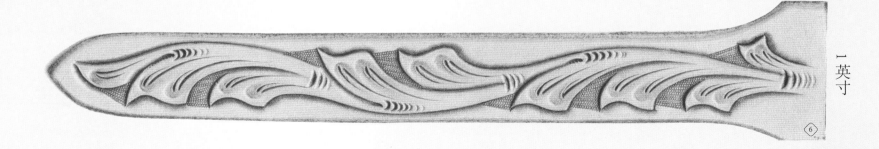

1英寸

⑥

251

$1\frac{1}{2}$英寸 ⑦

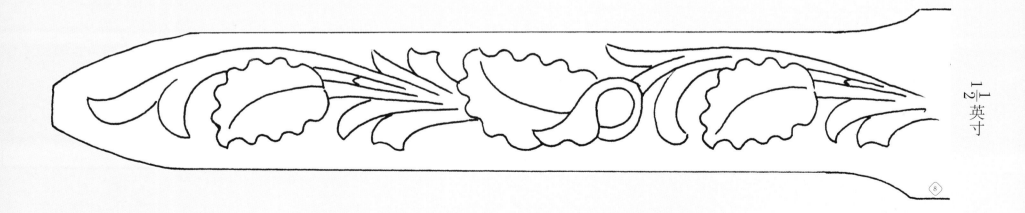

$1\frac{1}{2}$英寸 ⑧

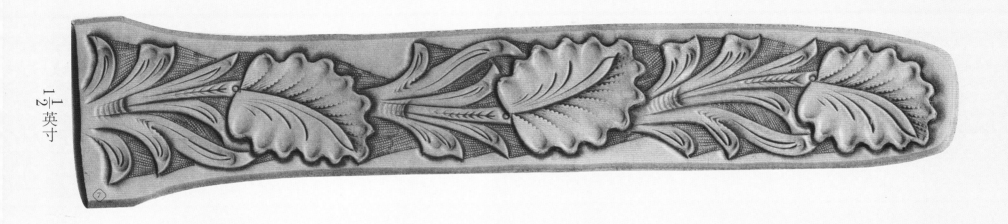

1½英寸

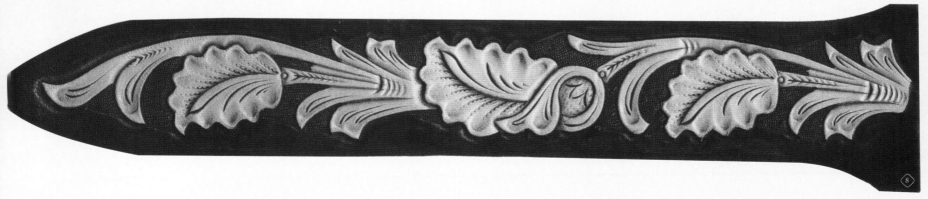

1½英寸

253

深圳市皮雕艺术促进会

2017 年，一帮皮雕匠人怀着对皮雕的那份热爱和执着，成立了中国首个服务皮雕匠人的社会组织——深圳市皮雕艺术促进会。促进会拥有 8 位名誉会长，他们分别是来自中国、日本、美国的著名皮雕大师。

促进会为促进皮雕艺术传播发展，积极探索，汇集世界皮雕大师及专家学者，制定了皮雕艺术的技法标准和皮雕等级考核制度。促进会于 2017 年举办了首届中国国际皮雕艺术博览会暨皮雕艺术大赛（CILE）并获得圆满成功。第二届中国国际皮雕艺术博览会暨皮雕艺术大赛（CILE）也即将在 2018 年由本促进会举办。

促进会的主要任务：

（一）皮雕艺术的普及和培训。

（二）皮雕艺术品的推广、交流。

（三）组织皮雕艺术品比赛活动。

（四）组织皮雕艺术品博览会。

（五）策划国际大师前来做学术交流。

（六）组织会员赴国外皮雕协会交流。

（七）促进融合了中国元素的皮雕艺术走向世界。

（八）收集、整理、发布各种有利于皮雕艺术发展的国内外信息、资讯等。

为匠人提供舞台，给企业输入血液。皮雕匠人的公共家园，期待您的加入。

地址：广东省深圳市横岗街道办六约社区振业城 1 期 4 号楼二楼 13 号
电话：0755-84746080
网址：www.szleathercraft.com

微信公众号